青少年励志小品丛书

财富与人生

ENCOURAGEMENT

本书编写组 编

世界图书出版公司
广州·上海·西安·北京

图书在版编目（CIP）数据

财富与人生 /《财富与人生》编写组编 . —广州：
广东世界图书出版公司，2010.10（2021.5 重印）
 ISBN 978－7－5100－2872－4

Ⅰ . ①财… Ⅱ . ①财… Ⅲ . ①人生哲学－青少年读物
Ⅳ . ①B821－49

中国版本图书馆 CIP 数据核字（2010）第 196600 号

书　　名	财富与人生
	CAIFU YU RENSHENG
编　　者	《财富与人生》编写组
责任编辑	张梦婕
装帧设计	三棵树设计工作组
责任技编	刘上锦　余坤泽
出版发行	世界图书出版有限公司　世界图书出版广东有限公司
地　　址	广州市海珠区新港西路大江冲 25 号
邮　　编	510300
电　　话	020-84451969　84453623
网　　址	http://www.gdst.com.cn
邮　　箱	wpc_gdst@163.com
经　　销	新华书店
印　　刷	唐山富达印务有限公司
开　　本	787mm×1092mm　1/16
印　　张	13
字　　数	160 千字
版　　次	2010 年 10 月第 1 版　2021 年 5 月第 9 次印刷
国际书号	ISBN　978-7-5100-2872-4
定　　价	38.80 元

版权所有　翻印必究
（如有印装错误，请与出版社联系）

前 言

如何看待金钱与人生的关系一直以来都是人们关注的话题。特别是在当今世界经济的浪潮中，摆正金钱在我们人生中的位置对我们拥有健康幸福的人生有重要意义。

人的一生离不开金钱，衣食住行样样都离不开它，但是金钱不是人生的全部，更不是衡量我们生命价值的标准。金钱可以买到豪宅，但买不到内心的平安；金钱可以买到名利，却买不到人间真爱；金钱可以换来更多享受的机会，却不能挽回已逝的生命……这世上许多珍贵的东西，如生命、真爱、幸福和平安等却不是用金钱买得到的。拥有正确的金钱观，帮助我们生活得更有智慧。

对于成长中的青少年来说，树立正确的金钱观，对他们的人生发展的方向有重要意义。因此，本书选编了一百五十多篇有关金钱与人生的励志小品，并从多个角度来与青少年分享我们对金钱的态度。在第一辑中，你会看到，拥有金钱的人往往都是那些拥有智慧的人；在第二辑，你会发现，金钱最好的主人是知足；在第三辑，你会明白，那些拥有金钱的人是比别人更懂得付出的人；在第四辑，你会领悟，真爱的价值超越金钱的价值；在第五辑，你会懂得，人格魅力是人生最大的财富；在第六辑，你会确信，你的人生永远不会贬值。在每一篇小品后面附有相关的箴言，这些箴言沉淀的是许多人关于金钱与人生的智慧，愿这些短小的文字能带给你生命的亮光。

愿本书能帮助读者正确认识金钱在我们人生中的位置，使金钱成为我们人生的祝福，也使我们成为他人生命中的祝福。

编 者

目 录

第一辑

三个忠告 …………… 1	冷门即是热点 ……… 24
富翁的炼金术 ………… 2	"赔钱"做生意 ……… 25
一美元的贷款 ………… 3	不求快只求准 ……… 26
唯一的财富就是智慧 … 5	商人与骗子 ………… 28
十万美元的一单生意 … 6	石头汤 ……………… 29
冒险是一种投资行为 … 7	智慧与财富 ………… 30
经营的智慧 …………… 9	陷　阱 ……………… 31
明智的决策 ………… 10	富翁的远见 ………… 32
不要把眼睛盯在钱上 … 12	一万日元 …………… 33
隐藏的商机 ………… 13	价格战 ……………… 34
黑猪白猪 …………… 14	淘金工装裤 ………… 35
老板的奇思妙想 …… 15	甘布士的忠告 ……… 36
找到真金 …………… 16	自作聪明 …………… 38
从别人的失败中吸取	猫眼和猫身 ………… 40
教训 …………… 17	威勒的远见 ………… 41
最有价值的一课 …… 18	三个商人 …………… 42
试穿的魅力 ………… 19	购买泥土 …………… 43
洗衣机中的小网 …… 20	专挑五分钱的硬币 … 44
一个清洁工的整合能力 … 21	一幅画卖出三幅画的价 … 45
娅克妮创业 ………… 22	宝石没有稻草贵 …… 47

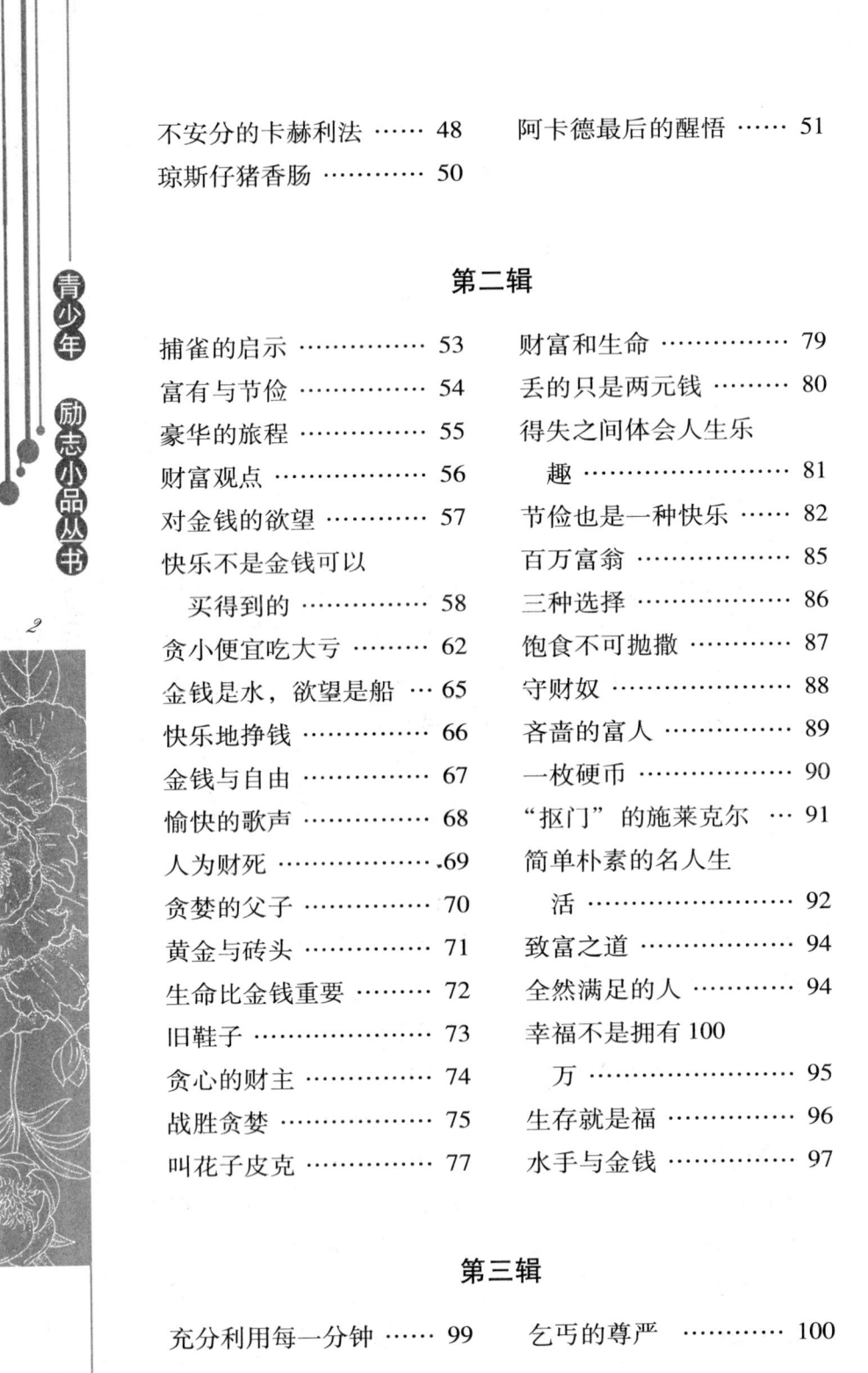

不安分的卡赫利法 …… 48
琼斯仔猪香肠 ………… 50
阿卡德最后的醒悟 …… 51

第二辑

捕雀的启示 ………… 53
富有与节俭 ………… 54
豪华的旅程 ………… 55
财富观点 …………… 56
对金钱的欲望 ……… 57
快乐不是金钱可以
　买得到的 ………… 58
贪小便宜吃大亏 …… 62
金钱是水，欲望是船 … 65
快乐地挣钱 ………… 66
金钱与自由 ………… 67
愉快的歌声 ………… 68
人为财死 …………… 69
贪婪的父子 ………… 70
黄金与砖头 ………… 71
生命比金钱重要 …… 72
旧鞋子 ……………… 73
贪心的财主 ………… 74
战胜贪婪 …………… 75
叫花子皮克 ………… 77

财富和生命 ………… 79
丢的只是两元钱 …… 80
得失之间体会人生乐
　趣 ………………… 81
节俭也是一种快乐 … 82
百万富翁 …………… 85
三种选择 …………… 86
饱食不可抛撒 ……… 87
守财奴 ……………… 88
吝啬的富人 ………… 89
一枚硬币 …………… 90
"抠门"的施莱克尔 … 91
简单朴素的名人生
　活 ………………… 92
致富之道 …………… 94
全然满足的人 ……… 94
幸福不是拥有100
　万 ………………… 95
生存就是福 ………… 96
水手与金钱 ………… 97

第三辑

充分利用每一分钟 …… 99
乞丐的尊严 ………… 100

淘金梦 ………… 101
年轻时就开始积累财
　富 ……………… 102
勤劳致富 ………… 104
善于使用别人的钱 … 105
你和你的父亲不一
　样 ……………… 109
提水的年轻人 …… 112
自费修整花园的农
　民 ……………… 114
钻石就在身边 …… 115
树下的金币 ……… 117
从校工到总裁 …… 118
反感自我满足 …… 119
资本是一只老鼠 … 120
借款与忠告 ……… 122
天道酬勤 ………… 123
多等一小时 ……… 125
在失败中成长的美国
　股神 …………… 125

勇敢面对贫困 …… 127
忍耻发奋 ………… 129
把屈辱化为前进的动
　力 ……………… 130
用实际行动来证明自
　己 ……………… 131
智勇双全的福勒 … 133
拾破烂成为百万富
　翁 ……………… 134
丢宝石下海 ……… 135
五美元的生铁 …… 136
后院的金币 ……… 137
寻找谷仓里的金表 … 138
吃苦的幸福 ……… 139
目标引领财富 …… 140
金钱的"记忆" …… 143
绝望的商人 ……… 144
善于梦想的美国人 … 145
富翁是这样"炼"
　出来的 ………… 147

第四辑

善良的人最富有 … 149
一万英镑与八万英
　镑 ……………… 151
比金子还贵重的东
　西 ……………… 152
送给最需要的人 … 153

微笑是有价值的 … 154
帮助别人会给自己
　带来好运 ……… 155
眼看就要成交 …… 156
爱心比金钱更重要 … 157
最宝贵的财富 …… 158

圣诞愿望 …………… 159
爱的礼物 …………… 160
永恒的富翁 ………… 163
死去的人才没有希
　望 ………………… 164

第五辑

诚信是金 …………… 166
拾金不昧的人会得到
　奖赏 ……………… 167
商人收养的孤女 …… 168
揭　短 ……………… 170
名誉无价 …………… 171
人格魅力是一个人永
　恒的财富 ………… 173
信用是一种财富 …… 174
老板的考验 ………… 175
打不开的财富之锁 … 176
贪婪的人偷窃自己 … 177
谁偷了钻石 ………… 179
言而有信 …………… 180
财富之外的追求 …… 181
信用至上 …………… 182

第六辑

人生的美元永不贬
　值 ………………… 184
做自己擅长的事情 … 185
人的潜力是需要激发
　的 ………………… 187
自信的价值 ………… 188
再聪明的人也会做傻
　事 ………………… 190
破产者的鲜花 ……… 192
拿绿卡 ……………… 193
没钱也能盖大楼 …… 195
七百万美元这样筹
　集 ………………… 196
勇于创业 …………… 198
尊重自己的价值 …… 199

第一辑

靠智慧能赢得财产，但没人能用财产换来智慧。

——贝·泰勒

三个忠告

有一位勤劳节俭的商人，积敛了上百万的财富。临死的时候，他把唯一的儿子叫到床前，给了他三个忠告：

"孩子，爸爸辛劳一生，给你留下了上百万的资产。但这不是主要的。我现在要告诉你三句真言，希望你谨记在心。

"第一，财富是流动的，到手的财富不能随意挥霍，否则它会很快流走。

"第二，财富是流动的，已经失去的财富不要为之惋惜。

"第三，财富是流动的，财富没有固定的主人，该花的钱一定不要怜惜。"

老商人死后，儿子转眼就把父亲的忠告抛到了脑后，认为那是父亲在弥留之际说的胡话。父亲生前对他百般约束，现在他成了这笔巨额财富的主人，他决定尽情享受一番。

他辞掉了工作，在海边买了一套豪宅，终日和一帮酒肉朋友吃喝，好像他父亲用血汗挣来的钱是天上掉下来的，他一点都不懂得珍惜。

不出一年，他就把父亲留给他钱的全花光了，他的豪宅也让酒店老板拿去拍卖抵了债，那帮酒肉朋友也走得一个不剩。他用剩下的一点小钱在贫民区租了一间四面透风的瓦房，靠给富人打些散工艰难度日。

直到这步田地，儿子才想起了父亲的忠告，承认父亲果然有先见之明，后悔没听他的话。他决心要认真对待父亲的忠告并把它当作传家宝。

他严格遵循第二个忠告，不再终日长吁短叹为失去的财富惋惜，从早到晚愉快地打工挣钱。

新年的第一天，儿子早早地打开房门，看见外面的雪地里蜷缩着一个衣衫褴褛的年轻人。望着眼前这个可怜人，儿子想起父亲的第三个忠告，就把身上仅有的一点钱和父亲留给他的一只金镯子送给了他。

几年后，那个贫困潦倒的年轻人成为一位富翁。他找到那个帮助过他的商人的儿子，并提出愿意与他合伙做生意。不久，商人的儿子又变得和父亲一样富有了。

至理箴言

财富掌握在意志薄弱、缺乏自制、缺乏理性的人手中，就可能会成为一种诱惑和一个陷阱。——塞缪尔·斯迈尔斯

富翁的炼金术

泰国有个叫奈哈松的人，一心想成为大富翁，他觉得成功的捷径便是学会炼金术。他把全部的时间、金钱和精力都用在了炼金术

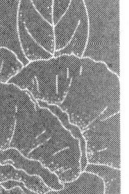

的实践中。不久，他花光了自己的全部积蓄，家中变得一贫如洗，连饭也吃不上了。妻子无奈，跑到父母那里诉苦，她的父母决定帮女婿改掉恶习。他们对奈哈松说："我们已经掌握了炼金术，只是现在还缺少炼金的材料。"

"快告诉我，还缺少什么东西？"

"我们需要从香蕉叶下搜集起来的三公斤白色绒毛，这些绒毛必须是你自己种的香蕉树上的，等到收完绒毛后，我们便告诉你炼金的方法。"

奈哈松回家后立即将已荒废多年的田地种上了香蕉，为了尽快凑齐绒毛，他除了种自家以前就有的田地外，还开垦了大量的荒地。

当香蕉成熟后，他小心地从每张香蕉叶下搜刮白绒毛，而他的妻子和儿女则抬着一串串香蕉到市场上去卖。就这样，十年过去了，他终于收集够了三公斤的绒毛。

这天，他一脸兴奋地提着绒毛来到岳父母的家里，向岳父母讨教炼金术。岳父母让他打开了院中的一间房门，他立即看到满屋的黄金，妻子和儿女都站在屋中。妻子告诉他，这些金子都是用他十年里所种的香蕉换来的。面对满屋实实在在的黄金，奈哈松恍然大悟。

至理箴言

工作中，你要把每一件小事都和远大的固定的目标结合起来。

——马雅可夫斯基

◆ 一美元的贷款

犹太商人巴拉尼走进一家银行的贷款部，大大咧咧地坐了下来。

"请问，有什么需要帮忙的吗？"贷款部经理一边问，一边打量着一身名牌穿戴的巴拉尼。

"我想贷款。"

"好啊,您要贷多少?"

"一美元。"

"啊?只需要一美元?"

"不错,只贷一美元。可以吗?"

"当然可以。只要有担保,再多点也无妨。"

"好吧,这些担保可以吗?"巴拉尼说着,从豪华的皮包里取出一堆股票、国债等等,放在经理的写字台上。说:"这些东西的总价值大概有五十多万美元,够了吧?"

"当然,当然!不过先生,您真的只要贷一美元吗?"

"是的。"说着,巴拉尼接过了一美元。

"年息为百分之六。只要您付出百分之六的利息,一年后归还,我们就可以把这些股票还给您。"

"谢谢!"说完,犹太人就准备离开银行。

这家银行的行长一直在旁边冷眼观看,他怎么也弄不明白,一个拥有五十万美元的有钱人,怎么会来银行贷一美元。他匆匆忙忙地赶上前去,对巴拉尼说:"啊,这位先生请留步!"

"有什么事情吗?"巴拉尼问。

"我实在搞不明白,您拥有五十万美元,为什么只贷一美元呢?要是您想贷个三四十万美元,我们也会很乐意的……"银行行长说。

"谢谢你的好意。看在你这么热情的份儿上,我不妨将实情告诉你。"巴拉尼微笑着说,"我是来贵地做生意的,感觉随身携带这么多的钱很碍事,就想找个地方存放起来。在来贵行之前,我问过好几家金库,他们保险箱的租金都很昂贵。所以嘛,我就准备在贵行寄存这些股票。租金实在太便宜了,一年只需花六美分……"

■ 至理箴言

一钱谨慎胜过一磅智慧。　　　　　　　——德国谚语

◆ 唯一的财富就是智慧

在奥斯维辛集中营，一个犹太人对儿子说："现在我们唯一的财富就是智慧，当别人说一加一等于二的时候，你应该想到一加一大于二。"纳粹在奥斯维辛集中营毒死了五十多万人，两父子却活了下来。

1946年，他们来到美国，在休斯敦做铜器生意。一天，父亲问儿子一磅铜的价格是多少。儿子答："三十五美分。"父亲说："对，整个得克萨斯州都知道每磅铜的价格是三十五美分，但作为犹太人的儿子，应该说三十五美元。你试着把一磅铜做成门把手看看。"

二十年后，父亲死了，儿子独自经营铜器店。他做过赤铜鼓、做过瑞士钟表上的簧片、做过奥运会的奖牌。他曾把一磅铜卖到三千五百美元，这时他已是麦考尔公司的董事长。

然而，真正使他扬名的是纽约州的一堆垃圾。1974年，美国政府为清理给自由女神像翻新扔下的废料，向社会广泛招标。但好几个月过去了，没人应标。正在法国旅行的他听说后，立即飞往纽约，看过自由女神像下堆积如山的铜块、螺丝和木料，未提任何条件，他当即就签了字。

纽约的许多运输公司对他的这一愚蠢举动暗自发笑。因为在纽约州，垃圾处理有严格规定，弄不好会受到环保组织的起诉。就在一些人要看这个得犹太人的笑话时，他开始组织工人对废料进行分类。他让人把废铜熔化，铸成小自由女神像；把水泥块和木头加工成底座；把废铅、废铝做成纽约广场的钥匙。最后，他甚至把从自由女神身上扫下的灰尘都包装起来，出售给花店。不到三个月的时间，他让这堆废料变成了三百五十万美元现金，每磅铜的价格整整翻了一万倍。

至理箴言

靠智慧能赢得财产，但没人能用财产换来智慧。

——贝·泰勒

◆ 十万美元的一单生意

一个乡下来的小伙子是个文盲，他去应聘一家"应有尽有"百货公司的销售员。好在老板不看重文凭，只重视工作经验，就问他说：

"你以前做过销售员吗？"

他回答说："我以前是村里挨家挨户推销的小贩。"老板喜欢他的踏实勤奋，但只答应让他试做一段时间，因为对于小伙子能否胜任大公司的销售员还是心存疑虑。

第一天下班后，老板问小伙子说："你今天做了几单买卖？"

"一单。"年轻人回答。

"只有一单？"老板很不满意，因为他麾下的售货员一天基本上可以完成二十至三十单生意。"那你卖了多少钱呢？"老板有点儿不耐烦地问。

"十万美元。"年轻人回答道。

"你怎么卖那么多钱的？"目瞪口呆、半晌才回过神来的老板问道。

"是这样的，"小伙子说，"一个男士进来买东西，我先卖给他一个小号的鱼钩，然后是中号的鱼钩，最后是大号的鱼钩。接着，我又卖给他小号的渔线、中号的渔线，最后是大号的渔线。我问他上哪儿钓鱼，他说海边。我建议他买条船，所以我带他到卖船的专

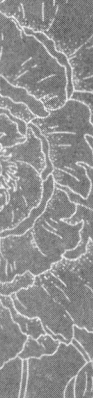

柜,卖给他长二十英尺、有两个发动机的帆船,然后他说他的大众牌汽车可能拖不动这么大的船。于是我带他去汽车销售区,卖给他一辆丰田新款豪华型汽车。"

老板欣喜若狂,同时又难以置信地说:"一个顾客仅仅来买个渔钩,你就能卖给他这么多东西?你这经验要向其他销售员推广。"

"他并不是来买渔钩的,"小伙子回答道,"他只是来给他妻子买卫生棉的,我就建议他周末应该去钓鱼。"

至理箴言

坚定不移的智慧是最宝贵的东西,胜过其余的一切。

——德谟克利特

冒险是一种投资行为

美国速递大王、联邦快递公司的总裁弗雷德·史密斯先生说:"我认为,'商人'一词在某种程度上应当赋予它赌徒的含义。因为,在许多时候,采取冒险行动并不是最危险的,最危险的倒是坐失良机。"

1962年,史密斯进入耶鲁大学,专攻经济学和政治学。大学三年级的时候,他写了一篇学术论文,分析运输业的现状。史密斯认为,如果开办一家运送诸如医药和电子元件之类需要优先考虑的、时间性极强的货物公司,一定会大有市场。传统的,采用像邮局、铁路、特别火车这样的运输工具,几乎没有几件包裹能直接送到他们的目的地,而大多数包裹送到目的地以前,要从这一城市到另一城市或者从这条航线到那条航线来回地折腾。这样做,不仅浪费金钱,而且浪费时间,因此,应当采用一种特殊的运输方式来解决这些问题。这种见解无疑是十分有见地的，可是当时却没有人欣赏他，因为这是一件非常冒险的事情，没有人愿意去冒这种风险。

1969年，史密斯决定自己创业，抓住机会来实现心中的梦想。首先他着手买下了阿肯色州飞机销售公司的主要股份，这家公司以小石城为基地，主要为涡轮螺旋桨飞机公司的喷气式飞机提供维修服务。该公司的销售额为一百万美元，经常亏损，显然没有什么前途。史密斯接手这家公司后，着手改善它的经营状况，把它变成购买和出售旧喷气式飞机的交易场所，这种变革很成功，在短短的两年内，公司收入增加到九百万美元，赢利达二十五万美元。

在这一时期，史密斯仔细考虑要建立一个能在一夜之间就把小包裹传递到目的地的公司。当时，干这一行的已经有好几家公司，其中埃默是最大的公司。1969年，它们每家的收入都已达一亿美元以上。

面对这样的市场环境，史密斯认为只有提供比这些公司更好的、更可靠的服务，才能获得成功。于是，史密斯委托两家咨询公司来研究这种市场形势。研究结果表明，人们对目前的运输业极为不满，顾客们投诉说，他们投递邮件极不准时，经常误期。总的来说，很不可靠。顾客的不满中蕴藏着巨大的商机，顾客们需要有一家公司能够在甲地把汇集的小包裹及时地在很短的时间内投递到乙地。研究结果还表明，顾客们愿意为有保险的投递公司支付额外的费用。

经过一系列的调查论证之后，史密斯开始筹办这种公司。史密斯孤注一掷，拿出他所有的本钱八百多万美元作资本，准备大干一场。他的这种投资胆量影响和吸引了一些投资者，他们纷纷加盟，又增加了四千万美元的投资。几家银行这时也对他的这一行为产生兴趣，投入了四千多万美元。

这个公司总投资额高达九千万美元！这在当时是美国有史以来企业作出的最大的单项投资。

1971年6月1日，公司成立了，这便是"联邦快递公司"。

1971年至1980年，公司的总收入已达五亿九千美元，史密斯的投资决策是十分正确的。史密斯说："我们的冒险终于有了回报。事实证明，我们的冒险不是盲目的，是富有远见卓识的投资行为。"

因为主动出击，史密斯终于成了美国的速递大王。美国的商业学校把他的冒险创业经历作为创业典范加以分析研究。

至理箴言

生活就像海洋，只有意志坚强的人，才能到达彼岸。

——马克思

经营的智慧

特奥的父母辞世后，给特奥和哥哥卡尔留下了一个小小的杂货店。他们的小店设施简陋，他们只能靠着出售一些罐头和汽水之类的食品勉强度日。

兄弟俩不甘心这种穷苦的状况，一直寻找发财的机会。

有一天，卡尔问弟弟："为什么同样的商店，有的赚钱，有的只能像我们这样惨淡经营呢？"

特奥回答说："我觉得我们的经营方式有问题，如果经营得好，小本生意也可以赚钱的。"

"可是，如何才能经营得好呢？"于是，他们决定去其他商店看一看。

一天，他们来到一家"消费商店"，这家商店顾客盈门，生意红火，引起弟兄俩的注意。他们走到商店外面，看到门外有一张醒目的告示上写着：

"凡来本店购物的顾客，请保存发票，年底可以凭发票额的百分之三免费购物。"

他们把这份告示看了又看，终于明白这家商店生意兴隆的原因了。原来顾客就是贪图那百分之三的免费商品。

他们回到自己的店里后，立即贴了一个醒目的告示："本店从即日起，全部商品让利百分之三，本店保证所售商品为全市最低价，如顾客发现不是全市最低价，本店可以退回差价，并给予奖励。"

就是凭借这种"偷"来的智慧，他们兄弟俩的商店迅速扩大，成为世界上最大的连锁商店之一。

至理箴言

智慧源于思考。　　　　　　　　　　　　　　——佚名

明智的决策

1916年，初涉股市的霍希哈以自己的全部家当买下了大量雷卡尔钢铁公司的股票，他原本认为这家公司能够走出经营的低谷，然而，事实证明他犯了一个不可饶恕的错误。霍希哈没有注意到这家公司的大量应收账款实际上已经成为了死账，而它背负的银行债务即使是用最好的钢铁公司的业绩水平来衡量，也得用三十年时间才能偿清。

结果雷卡尔公司不久就破产了，霍希哈也因此而倾家荡产，他只好从头开始。

这次失败，让霍希哈一辈子都牢记在心里，永远不会忘记。在1929年的春天，也就是举世闻名的世界大股灾和经济危机来临的前夕，当霍希哈准备用五十万美元在纽约证券交易所买一个席位的时候，他突然放弃了这个念头。霍希哈在事后回忆道："当你发现全美

国的人们都在谈论着股票，连医生都停下自己的工作而去做股票投机生意的时候，就应当意识到这一切不会持续很久了。人们不问股票的种类和价钱而疯狂地购买，稍有差价便立即抛出，这不是一个能够让人放心的好兆头。所以，我在八月份的时候就把全部股票抛出，结果净赚了四百万美元。"这一个明智的决策使霍希哈逃过了一次灭顶之灾。无数曾在股市里呼风唤雨的大券商们都成了这次大股灾的牺牲品。

霍希哈的决定性成功来自于开发加拿大亚特巴斯克铀矿的项目。霍希哈从战后世界局势的演变及原子能的巨大威力中感觉到，铀将是地球上最重要的一项战略资源。于是，从1949年到1954年，他在加拿大的亚大巴斯卡湖买下了约五百平方英里的土地，他认定这片土地蕴藏着大量的铀。亚特巴斯克公司在霍希哈的支持下，成为第一家以私人资金开采铀矿的公司。

然后，他又邀请地质学家法兰克·朱宾担任该矿的技术顾问。在此之前，这块土地已经被许多地质学家勘探过，分析的结果表明，这个地方只有很少的铀。但是，朱宾对这个结果表示怀疑。他确认这块地上藏有大量的铀。他竭力向十几家公司游说，劝它们进行一次勘探，但是，这些公司均表示没有这个意愿。而霍希哈在听取了朱宾的详细汇报之后，觉得这个险值得去冒。

1952年4月22日，霍希哈投资三万美元勘探。在五月份的一个星期六早晨，他得到报告：在七十八个矿样中，有七十一块含有品位很高的铀。朱宾惊喜得大叫："霍希哈真是财运亨通。"

霍希哈从亚特巴斯克铀矿公司得到了丰厚的回报。1952年初，这家公司的股票尚不足四十五美分一股，但到了1955年5月，也就是朱宾找到铀矿整整三年之后，亚特巴斯克公司的股票已飞涨至二百五十二美元一股，成为当时加拿大蒙特利尔证券交易所的"神奇黑马"。

在加拿大初战告捷之后，霍希哈立即着手寻找另外的铀矿，这一次是在非洲的艾戈玛，与上一次惊人相似的是，专家们以前的钻探结果表明艾戈玛地区的铀资源并不丰富。

但霍希哈更看中在亚特巴斯克铀矿开采中立下赫赫战功的法兰克·朱宾的意见，朱宾经过近半年的调查后认为，艾戈玛地区的矿砂化验结果不够准确，如果能更深地钻入地层勘探，一定会发现大量的铀床。

1954年，霍希哈交给朱宾十万美元，让他正式开始钻探的工作。两个月以后，朱宾和霍希哈终于找到了非洲最大的铀矿。这一发现，使霍希哈的事业跃上了顶峰。

1956年，据《财富》杂志统计，霍希哈拥有的个人资产已超过二十亿美元，排名"世界最富有的一百位富豪榜"第七十六位。

■至理箴言

一个明智的人总是抓住机遇，把它变成美好的未来。

——托·富勒

◆ 不要把眼睛盯在钱上

四年前，我的两个学生分别来找我咨询关于大学毕业的就业问题。他们都是很聪明的年轻人，上学时成绩都十分优秀，兴趣和爱好都很广泛，对于他们来说，有许多好机会可供选择。当时，我的一位朋友创办了一家小型公司，也正委托我物色一个适当的人做助理。于是我建议两个年轻人去试试看。他们俩分别去应征，第一位前去拜访的名叫几米，面谈结束后他打电话给我，用一种厌恶的口气对我说："你的朋友太苛刻了，他居然只肯给月薪四百美元，我拒绝了他。现在，我已经在另一家公司上班了，月薪六百美元。"

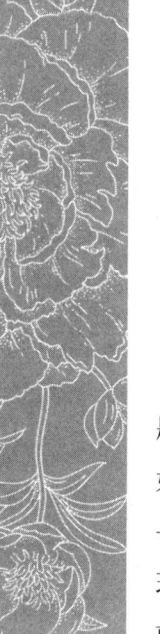

后来去的学生名叫唐克,尽管给他的薪水也是四百美元,尽管他同样有更多赚钱的机会,但是,他却欣然接受了这份工作。当他将这个决定告诉我时,我问他:"如此低的薪水,你不觉得太吃亏了吗?"

他说:"我当然想赚更多的钱。但是,我对你朋友的印象十分深刻,我觉得只要能从他那里多学到一些本领,薪水低一些也是值得的。从长远的眼光来看,我在那里工作将会更有前途。"

第一位学生当时在另一家公司的薪水是年薪七千二百美元,目前他也只能赚到八千多美元,而最初薪水只有四百美元的唐克,现在的固定薪酬是两万美元,还不算红利。

至理箴言

金钱能做很多事,但它不能做一切事。我们应该知道它的领域,并把它限制在那里;当它想进一步发展时,甚至要把它们踢回去。

——卡莱尔

隐藏的商机

1987年,缪寿良带着五华县的一群人,赤手空拳、浩浩荡荡开进了宝安。他把致富的目光,投向了采石场。

当时,深圳在高速发展,建路、修桥、造大厦,没有一样离得了石头的。而在五华县,他们的采石技术堪称全国一流。要发财,何不从石头上发展呢?

于是,缪寿良毅然选择了采石业,作为今后发展的突破口。但缪寿良没有资金,没有朋友,环境是陌生的,语言又不通,怎么办?知难而退还是迎难而上?缪寿良选定了目标,面对困难,他信心百倍，毫不退却。他说："我虽然没有资金，但我有智慧，我有不可动摇的意志。"

一次偶然的机会，他听到一位供电局的朋友说：深圳电力严重不足，尤其七八月，三天两头停电均属正常。停电、停电、停电！停电将意味着什么？缪寿良反复思索这个问题。终于有了明确的答案：那将是意味着每到七八月，所有的采石队将出现电力危机，影响正常作业。哦，原来这停电现象隐藏着商机。

于是，缪寿良心生一计，东拼西凑筹集了一笔款项，买了一台柴油发电机，坐观其变，静候机会。果然不出他所料，1988年秋天，几十个采石场与广深一级公路签订的合同全部被废除，因为受电力不足影响，没有一个采石场可以保质保量完成任务。真是天赐良机！缪寿良终于有了用武机会。他的发电机在关键时刻大发威力，承揽了全部采石业务。聪明过人的缪寿良在一夜之间击败了几十个采石工程队。当别人醒悟过来时，一切已经晚了。

■ **至理箴言**

善于捕捉机会者为俊杰。　　　　　　　　　　——歌德

❖ 黑猪白猪

东汉初年，辽东一带的猪都是黑毛猪，当地人也都习以为常。忽然有一天，一个商人家中的老母猪生了一窝毛色纯白的小猪，大家都争相来观看。附近一带的人都认为这一定是一种特异的品种，于是，就有人给这个商人出主意说："如此干净纯白色的小猪，天下一定少见，你应该把它们送到洛阳，去献给皇帝，皇帝肯定会重重地赏你。"又有人走来给他出主意说："还不如把这群小白猪拉到燕

京市场上去，肯定能卖个大价钱，物以稀为贵，错过了这个机会，你后悔都来不及了。"辽东商人听了，果然动了心。经过一番盘算，他觉得还是把猪运到燕京市场去卖个大价钱比较合算。于是，他把白毛小猪装上车，向燕京进发了。

经过三个多月的艰苦跋涉，等走到燕京时他的小猪也基本上都长大了，他喜不自胜，这一回不知道要发多大一笔财呀！这一天，当他把白毛猪运到市场的时候，简直给吓呆了，原来，燕京市场中到处卖的都是白色的猪，白毛猪在这里不足为奇不说，价钱还不如辽东的黑猪。辽东商人眼看着猪卖不出去，空欢喜一场，心中十分懊悔，心想还不如在当地卖了。胡思乱想了一阵以后，他灵机一动：既然辽东没有白毛猪，这里白毛猪的价格也不贵，我为什么不从燕京贩几十头白毛猪回辽东？那样才是真正的物以稀为贵，肯定能赚一笔。

于是，他就从燕京贩了几十头白毛猪回辽东，很快就卖出去了。接着他又贩黑毛猪来燕京，也是大赚了一笔。

至理箴言

聪明人常从万物中有所感悟，因为他所得到的才能本是从一切事物中汲取的精华。

——罗斯金

◆ 老板的奇思妙想

菲律宾有一家地理位置极差、但生意却极佳的餐馆，餐馆经营的成功全在于餐馆老板的奇思妙想。

这家餐馆的生意起初并不好。由于地处偏远，且交通不方便，去餐馆用餐的顾客很少。有人建议老板干脆关掉餐馆另谋他路。老板思索再三，决定看看其他餐馆的经营状况后再说。于是，老板扮作一个顾客，一个餐馆一个餐馆地去考察。最后，老板发现，那些地处闹市、生意较好的餐馆有一个共同点："现代派"味道十足，"闹"得不能再"闹"了。老板不止一次发现，一些不喜欢"热闹"的顾客直皱眉头，匆匆用餐后又匆匆离去。

老板想起了自己餐馆所处的独特幽静的地理位置，不由得跃跃欲试，假如来个"幽静高雅"，会怎么样呢？老板请来装修工，将餐馆装饰得淡雅、古朴。屋内的装饰用白、绿两种颜色，白色的柱子、白色的桌椅，绿色的墙、绿色的花草。老板还用莎士比亚时代的酒桶为顾客盛酒，用从印度买来的"古战车"为顾客送菜。

奇迹出现了，早已被喧嚣声搅得烦不胜烦的顾客，听说有一个古朴幽静的餐馆可以进餐，便纷至沓来，餐馆的生意顿时好转。

■ **至理箴言**

　　人在智慧上、精神上的发达程度越高，人就越自由，人生就越能获得莫大的满足。
　　　　　　　　　　　　　　　　　　　　——契诃夫

◆ 找到真金

　　19世纪中叶，美国加州出现一股淘金热，17岁的小农夫亚默尔也准备去碰碰运气。但亚默尔穷得买不起船票，只好跟着大篷车奔向加州。亚默尔在加州没有因挖到金子而发财，却以卖凉水赚了钱。

　　原来，矿山里气候干燥，水源奇缺，找金子的人最痛苦的事是没有水喝。许多人一边寻金矿，一边叫着："要是有一壶凉水，我宁愿给他一块金币"，"谁要是让我痛饮一顿，我出两块金币也干"。这些找矿人的牢骚，使亚默尔有了个好点子。他想，如果卖水给找金人喝，也许比找金子赚钱更快。于是，他放弃了找金矿这件事，开始挖水渠引水，将经过过滤的水，变成清凉可用的饮用水。

他把水装进桶里、壶里，卖给找金矿的人。当时，有不少人嘲笑他，说上加州来是为了挖金子，发大财，干这种蝇头小利的生意，根本不用背井离乡跑到加州。但亚默尔不在意，继续卖饮用水。在很短的时间里，他赚了六千美元。这在当时是很可观的。许多人因找不到金矿而忍饥挨饿，流落他乡，而亚默尔却成了一个小小的富翁。

■ 至理箴言

聪明才智不在于知识渊博。我们不可能什么都知道。聪明才智不在于尽量地多知道，而在于知道最必要的东西，知道哪些东西不甚需要，哪些东西根本不需要。——列夫·托尔斯泰

❖ 从别人的失败中吸取教训

也许因为道密尔在经营上有点近乎"不按常理出牌"，所以，有很多人说他是靠运气，直到看到一个个将要垮掉的公司在他手里振兴起来时，人们才改变了对他的看法。

"我不认为我的成就是一种奇迹，"在一次集会中，道密尔道出他的创业感想，"我相信美国有很多人可以完成如我所有的同样事业，因为，宪法赋予每个人的自由和机会是平等的。"

道密尔的最大才能是领悟力强。他没有读过多少书，但对人生的体验却是颇为深刻，而且很富哲学意味。道密尔当初来美国时，曾一连换了十几个工作，因为他觉得那些工作只能填饱肚子，不能展示他的能力。并且常因为放弃了某一工作，而又没有找到其他工

作时忍饥挨饿，但这始终没有使他失去坚持的勇气。道密尔的公司在美国玩具工业中居于领先地位，这完全是靠他的冒险精神打拼出来的，尤其在新产品的制作上，他总是不惜巨资，以处处领先别人为经营目标。

有人问他："你为什么总会收购一些失败的生意来经营？"

道密尔的回答很巧妙："别人经营失败的生意，我接过来后容易找出失败的原因，只要把那些缺点改正过来，自然就赚钱了。这要比自己从头做生意省力得多。"

"可是，经营失败的人为什么不能找出那些缺点呢？"

道密尔带着诡谲的笑容说："他要是能发觉，就不会失败了。这就叫当局者迷吧！"

至理箴言

失败也是我需要的，它与成功对我一样有价值。　　——爱迪生

最有价值的一课

伯利恒钢铁公司总裁查理斯·舒瓦普曾会见效率专家艾维·利。会见时，艾维·利说自己的公司能帮助舒瓦普把他的钢铁公司管理得更好。舒瓦普认为他自己懂得如何管理，事实上公司却不尽如人意，他说自己需要的不是更多知识而是更多的行动。他说："应该做什么我们自己是清楚的，如果你能告诉我们如何更好地执行计划，我听你的，在合理范围之内价钱由你定。"

艾维·利说可以在十分钟内给舒瓦普一样东西，这东西能使他的公司的业绩提高至少百分之五十。然后，他递给舒瓦普一张空白纸，说："在这张纸上写下你明天要做的六件最重要的事。"过了一

会儿他又说:"现在用数字标明每件事情对于你和你的公司的重要性的次序。"

这花了大约五分钟。艾维·利接着说:"现在,你把这张纸放进口袋里,明天早上第一件事是把纸条拿出来,做第一项。不要看其他的,只看第一项。着手办第一件事,直至完成为止。然后,用同样方法对待第二项、第三项……直到你下班为止。如果你只做完第一件事,那不要紧。因为你总是做着最重要的事情。"

艾维·利又说:"每一天都要这样做。你对这种方法的价值深信不疑之后,叫你公司的人也这样干。这个试验你爱做多久就做多久,然后,给我寄支票来,你认为值多少就给我多少。"

整个会见时间不到半个钟头。几个星期之后,舒瓦普给艾维·利寄去一张两万五千美元的支票,还有一封信。信上说,从钱的观点看,那是他一生中最有价值的一课。

五年之后,这个当年不为人知的小钢铁厂,一跃而成为世界上最大的独立钢铁厂,而其中,艾维·利功不可没。

■ 至理箴言

良好的方法能使我们更好地发挥天赋的才能,而拙劣的方法则可能妨碍才能的发挥。
——贝尔纳

◆ 试穿的魅力

几年前,美国沃尔弗林环球公司生产了一款名叫"安静的小狗"的休闲鞋。几个调查销售方案先后摆在营销部经理埃克森的桌上,他很不满意,因为,方案里的方法太模式化了。埃克森的好友得知他的烦恼后说:"我看看是什么样的休闲鞋,不妨让我先试穿一下。"

埃克森从柜子里捧出一双样品递给好友，看着他穿上在屋里走了几圈。

"还别说，真不错，我都有点舍不得脱了。"好友边说边低头爱惜地望着那双鞋，"这鞋多少钱一双？能不能先卖给我一双？"好友一连问了好几声，都未见埃克森回答，他抬起头，见埃克森正伏案飞快地写着什么。很快，一份新颖的销售方案在埃克森的指挥下付诸实施。

他们先后把二百双鞋无偿送给二百位顾客试穿一个月。一个月后，公司派人登门收回，试穿者若想留下，每双鞋付五美元。其实，埃克森并非想收回鞋而是想知道五美元一双的休闲鞋是否有人愿意买。结果，绝大多数试穿者都把鞋留了下来。得到这个信息后，公司决定大规模生产这种鞋子，并以每双八美元的价格销售了几万双这种名为"安静的小狗"的休闲鞋。

至理箴言

观察与经验和谐地应用到生活上就是智慧。　　——冈察洛夫

❖ 洗衣机中的小网

怎样才能使洗衣机洗后的衣服不沾上小棉团之类的东西？这曾经是一个让科技人员感到棘手的难题。这个难题却被一位日本妇女给攻克了。

她洗衣服也常遇到这个问题，有一天，她突然想起年少时在山冈上捕捉蜻蜓的情景，并且把它与当前洗衣机需要解决的问题联系起来。她想，小网可以网住蜻蜓，那在洗衣机中放一个小网，是不是也可以网住小棉团之类的杂物呢？当时许多科技人员都认为，这

个想法未免把科技上问题想得太简单了。但这位家庭妇女却不管这些，她利用空闲时间动手做起她所设想的小网来。

三年间，她做了一个又一个的小网，反复地研究试验，终于获得了满意的结果。小网挂在洗衣机内，由于洗衣机里的水使衣服和小网兜不停地转动，小棉团之类的杂物就会自然地被清除干净。这样的小网兜构造简单，使用方便，成本低，而且可以多次使用，因此大受顾客的欢迎。

小网兜也为这名妇女赚得了高达一亿五千日元的专利费。

至理箴言

生活中要善于细心发现。　　　　　　　　　　　——罗丹

一个清洁工的整合能力

培德刚到公司之后不久，就认识了安多里尼太太。安多里尼太太是公司的清洁工，一个四十多岁、已经发福的女人，手脚并不勤快，嘴巴却像抹了油似的整天说个不停，逢人就搭讪。

一天，同事们一起聊天，一位同事突然感叹道："我们连安多里尼太太都不如啊！"见培德诧异，她又说："你猜她每个月能赚多少钱？"

一个清洁工，薪水再高能高哪去？培德心想。同事伸出四根指头，培德点点头："四千美元呀，是挺厉害的。""什么四千美元？是四万美元！她每个月至少可以赚四万美元！""不会吧？"培德惊讶得眼珠子差点掉下来。"她自己跟我说的。安多里尼太太还说，做清洁工只是一个平台。我觉得她完全可以做一个CEO了！"

同事告诉培德，安多里尼太太借着到公司做清洁工，打听公司

里谁需要找钟点工，谁需要租房子，然后就当起了中介，收取中介费。安多里尼太太还自己买了一套房子，并以一万美元的月租把这套房子租给了一个韩国公司的总裁。"那个总裁是韩国人，听说不会说英文。都不知道安多里尼太太是怎么说服他租她的房子，还那么高的房租。"同事感叹着，"我们学过了西班牙语、德语，但有时候还和别人沟通不好！"安多里尼太太借着清洁工这个平台，延伸出的另一项业务是卖保险。公司的一个同事，就跟她买了好几万美元的保险。安多里尼太太曾经很得意地说，哪些人（对她的业务发展）有用，哪些要搞好关系，她一眼就能看出来。

安多里尼太太虽然仅仅是一名清洁工，但是，她整合资源的能力比任何一家公司的 CEO 都不差——她能够非常敏锐地发现利润的来源、寻找适当的客户、选择合理的沟通方法以适时地转变经营项目。

至理箴言

当一个人敢于用自己来冒险，敢于体验新的生活方式时，他就有可能变化和发展。

——赫伯特·奥托

❖ 娅克妮创业

美国克利夫兰市有个叫娅克妮的女孩，中学没有毕业就到富人家做女佣。娅克妮不想一辈子都做女佣，她想像那些成功的女人一样，闯出一番事业来。男主人是一家工厂的老板，有很多很多财经方面的书。每天做完家务后，娅克妮就找些书来读，渐渐地，她对经商产生了浓厚的兴趣。

娅克妮是个做事认真有条理的女孩，深得女主人的欢心。女主人一有空就和她聊天，指点她料理家务，告诉她一些外面的事情，给她讲述人生的意义和做生意的诀窍等。耳濡目染之中，娅克妮心里渐渐升起了自己当老板的愿望，只是怎样去做、做哪一个行业，她还没有一个清晰的概念。

一天，娅克妮做完家务，正在看书。电话响了，娅克妮拿起电话，电话是主人打来的："娅克妮啊，我想请你帮个忙，咱们家楼下左边的那座别墅，是我的一个朋友的家。她家有个卧床的老人，一直雇不到保姆。今天老人有些发烧，不能一个人在家，我的朋友要参加一个重要会议，不能回去，想请你去照看一天。"放下电话，娅克妮马上去了那个人的家。床上的病人，见到了娅克妮就像见了亲人一样，她说自己非常需要人照顾，请求娅克妮留下来。娅克妮只好在料理完主人的家务后，去陪老人，照顾她吃一些东西。

娅克妮心里的创业计划，就在此时成型了。她决定成立一个"家政服务公司"，专门为那些忙于工作，没有时间照顾老人、孩子和料理家务的职业人士服务。

娅克妮在创业时机成熟的时候，买来一些清洁用品，并印制了传单，请了四名女工，成立了"娅克妮女佣公司"。

但她并不着急招揽业务，而是先将传单张贴出去，并对聘请来的女工进行专业训练，使她们掌握一整套料理家务的专业技能。经过短期的训练，"娅克妮女佣公司"正式开业了。

"娅克妮女佣公司"的成立，与当时的市场需求结合得天衣无缝。因为当时还没有一家这样的公司。公司一成立，人们蜂拥而来，几乎踏破了门槛。

娅克妮工作作风十分严谨，随着业务的扩大，工作人员也跟着增加，对于新来的人员，她一定要经过严格训练，确认她们完全称职了才让她们开始工作。由于"娅克妮女佣公司"的服务标准高，她们的服务品质很快就被社会广为传颂，公司树立了良好的口碑，从而使服务范围由单纯的家庭服务向更广阔的范围延伸，许多企业和公司也找上门来，要求她们提供服务。

"娅克妮女佣公司"很快就扩展到了美国许多个州，成为美国知名的一家企业。女佣出身的娅克妮也成了美国有名的富婆。

■ 至理箴言

没有智慧的头脑，就像没有蜡烛的灯笼。——列夫·托尔斯泰

❖ 冷门即是热点

从来没有人想到，小小的纸盒也能赚大钱。赚惯大钱的东京人对做纸盒这样的小生意向来是不屑一顾的，特别是书套纸盒这类玩意儿，价格低廉，又没多少利润，一般人不会涉足这个行业。所以，纸盒行的老板们把它推给书籍装订商，而书籍装订商却又把它踢回了纸盒行。

书套纸盒太难做了，外观要求高雅漂亮，特别是尺寸要求不像水果包装盒那么宽松，也不像糕点盒那样留有较大的余地。必须要求书籍跟书盒十分吻合，稍有差异，那就是废纸一堆。

面对如此难题，日本东京有一个"傻瓜"却看到了创业的曙光。这"傻瓜"的憨傻之处，正是那些精明人疏忽之处。也就是说，这正是市场饱和期一个新的经济增长点。

既然大伙儿对做书套纸盒避之唯恐不及，那么就说明这一市场空间没有任何人前来挤占。只要自己能好好把握，就能大赚一笔。于是，这个叫长泽三次的年轻人出手了。

众人对做书套纸盒兴趣缺乏，主要是因为它的制作要求太高，耗时费工。即使自己掌握了诀窍，可是投入的成本太高，那还不是等于拿了个烫手的山芋？

可是长泽三次却想了个主意，把这套烦琐的工序简化，把难事

变简单了。他首先将书套纸盒的制作程序分解。他发现，看似烦琐的程序中，只有小部分需要熟练的技术，而对于其余部分，任何一个没有经过专业训练的家庭妇女都会做。把握了这一关键，这生意也就属于他了。

独具慧眼的观察力，一次技术分解的秘密，使得人人退避三舍的行业变成了一个通过简单技术就能发财的热门行业。

没几年，一无所有的长泽三次便坐上了全日本书套纸盒制业的第一把交椅。

随着审美要求近乎苛刻的日本人对书籍包装要求的提高，长泽三次的公司行情也更加看好。

■ 至理箴言

用思想去战斗，而不应受思想的束缚而裹足不前。每人都有其独特的思维方式。

——菲德鲁斯

◆ "赔钱" 做生意

一条街上有两家电影院，在市场不太景气的情况下，两家影院的老板都使出浑身解数招揽顾客。路南的影院推出了门票八折优惠，路北的影院接着就来了个五折大酬宾。对于顾客来说，同样情况下当然都愿意去花钱少的影院，于是，路北的影院生意兴隆，路南的影院门庭冷落。

路南影院的老板不甘坐以待毙，于是一赌气，干脆来了个"跳楼大甩卖"——门票打两折。按照当地消费水平和行业常规，影院门票五折以下已经毫无利润可言了，路南影院打两折的目的是为了把对手彻底挤垮，然后好再进行价格垄断，谁知他们刚刚把顾客拉过来，路北的影院接着就推出了门票一折优惠，并且每人另送一包瓜子。

哪有这样做生意的，门票打一折是一元钱，一包瓜子少说也得一元，这等于是白看电影呀。路北影院的老板是不是疯了？路南影院的老板惊得直吐舌头。但顾客可不管老板是不是疯了，有这样天上掉馅饼的好事绝对不能错过..于是顾客纷至沓来，影院天天爆满。这回路南影院的老板实在没有勇气参加竞争了，便宣告倒闭，关门了事。

大家都以为路北影院这时会恢复竞争之前的状态，没想到这个送瓜子的"赔本生意"却一直坚持了下来。

半年多的时间过去了，路北影院的老板买了轿车，房子也换成了高档别墅。原路南影院的老板对此百思不解。为了弄清真相，他便通过朋友打探路北老板的经营秘诀。

在费了一番周折之后，他终于弄清了事情的真相。路北影院一元的票价要赔钱，送瓜子更是赔钱，但送的瓜子是老板从厂家定做的五香瓜子，看电影的人吃了瓜子后，必然会口渴，于是老板便派人不失时机地卖饮料，饮料和矿泉水的销量大增——放电影赔钱，送瓜子赔钱，但饮料却给老板带来了高额利润。

■ 至理箴言

有胆气的人是不惊慌的人，有勇气的人是考虑到危险而不退缩的人；在危险中仍然保持他的勇气的人是勇敢的，轻率的人则是莽撞的，他敢于去冒险是因为他不知道危险。——康德

◆ 不求快只求准

布兰妮是一位普通的美国妇女，家境拮据。

一天傍晚，丈夫邀了几位朋友到家里来玩，布兰妮便去准备晚

餐。晚饭时分,丈夫的朋友吃得赞不绝口。有个朋友心直口快,对布兰妮说:"你的烹饪技术最低都可以拿个二级职称,开家餐馆,顾客一定会很多。"

布兰妮听了朋友的夸奖,心里自然高兴。她决定每天早晨开摊售卖自己做的点心。她决定,一次只做十斤面粉的点心。由于她做出的点心色、香、味俱全,又是薄利出卖,早上摆出去,很快就卖完了。到后来,一些顾客熟了,来迟了见没有了点心,还会到她家里去买,往往把她留下给自家人吃的点心都拿走了。

一个月下来,布兰妮卖点心所赚到的钱比丈夫的工资要高出三倍多。布兰妮觉得,卖这种点心虽然赚钱,但仅能帮助解决早餐的问题,若是作为一种商品向社会行销,没有品牌的名分,这就困难了。于是,她开始寻找新产品。

几个月后,她在一家书店发现了一本新出的《糕点精选》,其中有一则醒目的广告,是宣传全麦面包的。据广告上所说,这是一种富含维生素的保健食品,老少吃了对身体都有好处。这种糕点是用全麦面粉和纯白面粉各自调和后压成薄层,再分层叠成若干层卷成卷,这就叫"千层卷"。这一制作面包的新方法,已经获得专利权,专利权所有者正寻找合作伙伴。

布兰妮看完广告,她觉得这是自己创业的机会。因为这种"千层卷"水分低,既便于长期保存,又符合人们在美食和保健两方面的需要,投放市场,必受顾客欢迎。布兰妮心里想:我一定要抓住这个机会。

布兰妮用抵押房屋的钱先买下做这种新式面包的专利权和一些必要的设备,余下一部分钱作为流动资金。她将自己开的面包店起名为"棕色浆果烤炉"。

此后布兰妮用了十几年的时间,便把一个家庭式的小面包店,发展成为一家具有现代化设备的大企业,每年的营业额由三万多美元,增长到四百多万美元。

至理箴言

伟大的思想只有付诸行动才能成为壮举。　　——威·赫兹里特

◆ 商人与骗子

从前，有一个商人，打算到外地去。他在一座房子附近挖了一个地洞，将自己的钱藏在里面。那座房子里面住着一个骗子，骗子正好看到这位商人挖洞藏钱，随后，便过去将钱统统偷走了。

几天后，那位商人办完事回来拿他的钱，发现钱已不翼而飞了，急得不知如何是好。他走进那个骗子的房子，对他说："请原谅，先生！我有件事想请教你。劳驾，你能告诉我该怎么办吗？"骗子答道："请说吧！"商人说："先生，我是到这里来购物的。我带来了两个钱袋：一个钱袋里装着六百个金币，另一个钱袋里有一千块金币。在这座城市里，我举目无亲，找不到一个可以信托的人代我保管这笔钱财。因此，我只好到一个隐蔽的地方，将那装着六百个金币的钱袋埋在那里。现在我不知道，我该不该将另一个装有一千个金币的钱袋仍然藏到那个地方去，还是另找一个地方藏起来，或者还是找个诚实的人代为保管。"骗子答道："如果你想听我的意见，那最好别将钱交给人家保管，你还是仍然将钱藏到你第一个钱袋所藏的地方去吧！"商人道谢说："我一定按照你的话去做。"

商人走后，这个老骗子心里想："要是这个人将第二个钱袋送到老地方去藏时，发现原来的那只钱袋不见了，那他就不会再将第二个钱袋再藏在那里啦！我必须尽快将第一只钱袋放回原处。这傻瓜准会将第二只钱袋再藏在那里，那我就可以将两只钱袋都弄到手了。"

于是，骗子赶紧把偷来的钱袋放回原处，此时，那位商人也在

这样考虑："要是这个老头偷了钱袋,那他为了弄到第二只钱袋,现在也许已把它送回原地去了。"商人来到原先藏钱的地方,真的又看到了那只钱袋子。他高兴地喊道："我的好人,您将丢失的东西又送回原主了!"

至理箴言

黄金的枷锁是最重的。　　　　　　　　　　　　——巴尔扎克

石头汤

一个暴风雨的夜晚,有一个穷人到富人家讨饭。

"滚开!"仆人说,"不要来打搅我们。"

穷人说："只要让我进去,在你们的火炉上烤干衣服就行了。"

仆人认为这不需要花费什么,就让他进去了。这时穷人又请求厨娘给他一个小锅,以便他煮石头汤喝。

"石头汤?"厨娘说,"我想看看你怎样用石头做成汤。"

于是,她就答应了。

穷人于是到路上拣了块石头洗净后放在锅里煮。

"可是,你总得放点盐吧。"厨娘说,她得给他一些盐,后来又给了豌豆、薄荷、香菜。最后,又把能收拾到的碎肉末都放在汤里。

当然,你也许能猜到,这个可怜人后来把石头捞出来扔回路上,美美地喝了一锅肉汤。如果这个穷人对仆人说："行行好吧,请给我一锅肉汤。"

你想一想,会有什么结果呢?

至理箴言

聪明的人造就机会多于碰机会。　　　　　　　　　　——培根

智慧与财富

从前有两个人，一个十分富有，另一个非常聪明，他们是朋友。富人总说钱比什么都重要，而聪明人不同意这种说法，为此两人常常争论。最后决定去找人评判一下，但仲裁人也下不了结论。于是，他们把问题交给一个大臣，大臣也无法解决，就去找国王。

国王非常果断地说："把他俩推出去斩首示众。"

听了这话，两个朋友吓得失魂落魄。

现在他俩追悔莫及，都认为不该进行这场争论。聪明人转过脸来，向富人说："亲爱的朋友，你想个办法使我们摆脱眼前的灾难吧。"

富人回答："我心里焦急万分，只要能保住我宝贵的性命，我情愿拿出自己的一半财产送人。如果我死了，家里的财产还有什么用呢？"

聪明人马上说："如果我救了你的性命，你真愿意分给我一半财产吗？"

富人答应了他，还把自己的许诺写在一张纸上，交给了聪明人。聪明人收起纸，拉着富人一起来到大臣跟前，请求立即把他们杀死。

大臣十分惊愕地问道："你们是怎么想的？为什么这样急着要死呢？"

聪明人笑笑说："既然我们注定要死，那就痛痛快快地死吧。据圣书上说，如果一个无罪的人被处死，那么，他的灵魂会直接升入天堂，并将会采取行动报仇雪恨，把下令处死他的人置于死地，正因为这样，我们才希望尽快地被处死。现在，请你马上动手吧！"

大臣没有主意了，来到国王那里，把刚才的事情叙述了一遍，并

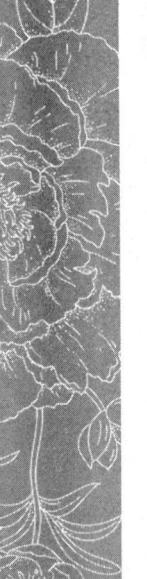

请求他收回自己的命令。国王派人又去问他俩为什么要求马上处死，聪明人把对大臣讲的话重复了一遍，并把富人立下的字据给了国王。

国王大笑起来，说："你已经自由了，可以去你想去的任何地方，你们的问题已经解决了，富人已经承认了智慧的重要。"

说完，国王把两个人全部放了。

至理箴言

与其相信你的金钱，倒不如相信你的智慧；与其寻找金钱，倒不如寻找智慧。

——佚名

陷　阱

德国有名的犹太富翁蒙克，想兴办一座高尔夫球场来作为他事业的开端。经过多方努力，他终于看中了一块场地，这块场地竞争者很多，市值二亿马克。如果相互抬价，价格就会相应抬高。如何才能得到这块场地，并且使价格不至于提高呢？蒙克在思考。他先找到了地主的经纪人，向他表明了自己想购买这块场地的意愿。经纪人知道蒙克十分有钱，便想从中大捞一笔，于是对他说："这块场地的优越性是无可比拟的，建造高尔夫球场保证赚钱，要买的人很多，如果蒙克先生肯出五亿马克的话，我将优先给予考虑。"经纪人首先来了个狮子大张口。

"五亿马克？不算贵，我愿意购买。"蒙克表现出对地价行情一无所知的样子。这一招果然有效，经纪人高兴地将这个情况汇报给了地主。地主也很高兴，觉得五亿马克的价格已经相当高了，所以回绝了其他的竞争者。所有想购买这块场地的人听说自己的竞争对手是大富翁蒙克，也就纷纷退出了竞争。

之后，蒙克再也没有找过经纪人，经纪人多次找上门去，他不是推三托四，就是避而不见，说买地之事还需要考虑一下。这可把经纪人急坏了，不得不磨破嘴皮，希望蒙克将买地之事赶快定夺下来。

蒙克还是不理不睬，最后才说："场地我当然要买的，不过价钱怎么样呢？"经纪人赶紧提醒道："您答应出五亿马克买下这块地的啊。"

蒙克笑着说道："这是你开的价钱，你难道没听出我说'不贵，不贵'的讥讽意味吗？你怎么把一句笑话当真了呢？事实上地价最多只值两亿马克。"

经纪人这才发现已经中了蒙克的圈套，只好照实说："地价确实只值两亿马克，蒙克先生就按这个数目付款也行。"

"说得倒容易，要是按这个价格付款，我就不需要考虑了。"蒙克回答说。这可让经纪人进退两难，其他人已退出竞争，如果蒙克不买就没有人来购买了，最后只好以一亿五千马克成交。

■至理箴言

如果你懂得使用，金钱是一个好奴仆，如果你不懂得使用，它就变成你的主人。

——马克·吐温

◆ 富翁的远见

从前有一个富翁，他是镇上唯一一家酒家的主人，他还拥有许多其他的生意。他有两个儿子：一个品行端正，受人敬重；另一个却是行为放荡的公子。

终于有一天，富翁快要不行了。因此他立下遗嘱，将工厂和所有的财产都留给浪荡子，而只把酒家给了那个正直善良的儿子。

听到这个决定后，他的朋友纷纷指责他说："为什么要把家产留给那个没用的儿子？你怎么做出这种傻事？他会挥霍掉你一生积聚的财富。"

富翁说："我仔细考虑过了，相信我。要是我把酒家留给那个浪荡子，他会和他的那群狐朋狗友把酒家喝垮的。为了避免这种情况，我把酒家给了那个规矩的儿子，而其他的财产给他弟弟。其实很简单。在镇上只有我这一家酒店，我那浪荡儿子肯定会去那喝酒的。不用问，他会把工厂和其他东西都花在那上面。这样一来，从长远上看，我的好儿子既拥有了我的酒家，又得到了我其他的财产。"

至理箴言

　　一个非常喜爱钱财的人，是很难在任何时候也同样非常喜爱他的儿女的。这二者就仿佛上帝和财神一样，形同冰炭。

——塞缪尔·巴特勒

一万日元

报社的一位年轻记者去采访日本著名的企业家松下幸之助。

年轻人非常珍惜这次来之不易的采访机会，做了认真的准备，他与松下先生谈得很愉快。采访结束后，松下先生亲切地问年轻人："小伙子，你一个月的薪水是多少？"

年轻人不好意思地回答："薪水很少，一个月才1万日元。"

松下先生微笑着对年轻人说："很好！虽然你现在的薪水只有1万日元，但是，你知道吗？你的薪水远远不止这1万日元。"

年轻人听后，感到难以理解。看到年轻人一脸的疑惑，松下先生接着说:"小伙子,你要知道,你今天能争取到采访我的机会,明天也就同样能争取到采访其他名人的机会,这就证明你在采访方面有一定的潜力。如果你能多多挖掘这方面的才能和多多积累这方面的经验,这就像你在银行存钱一样,钱存进了银行是会生利息的,而你的才能也会在社会的银行里生利息,将来能连本带利地还给你。"松下先生满含深意的一番话,打开了年轻人观念的抽屉,使他茅塞顿开,豁然开朗,许多年后,年轻人已经做了报社社长。

■ **至理箴言**

机会对于不能利用它的人又有什么用呢?正如风只对于能利用它的人才是动力。

——西蒙

价格战

犹太商人沙米尔移民到澳大利亚经商。到了墨尔本,他就干起了他的老本行,开了一家食品店。而和他的店铺对着的,是一个叫安东尼的意大利人开的食品店。于是,两家食品店展开了激烈的竞争。

安东尼眼看新的竞争对手出现,感到很恐慌,他沉思了很久,只有用降价这一招了,便在自家门前立了一块木板,上面写道:"火腿,每磅只卖五毛钱"。

不想沙米尔也马上在店门前立起木板,上面写道:"每磅四毛钱"。

安东尼见沙米尔如此,一赌气,立即将价格改为:"火腿,每磅只卖三毛五分钱"。这样一来,价格已降到了成本以下。

想不到,沙米尔更离谱,把价钱改写成:"每磅只卖三毛钱"。

几天下来，安东尼有点沉不住气了。他气冲冲地跑到沙米尔的店里，以经商老手的口气大吼道："小子，有你这样卖火腿的吗？这样疯狂地降价，知道会引来什么后果吗？咱俩都得破产！"

沙米尔却笑了："什么'咱俩'呀！我看只有你会破产。板子上写的三毛钱一磅，连我都不知道是指什么东西哩！我的食品店压根儿就没有什么火腿呀。"

安东尼这才发觉自己上了大当，知道遇上了真正的竞争对手，他禁不住叫苦连天。

■至理箴言

高尚的竞争是一切卓越才能的源泉。　　　——休谟

◆ 淘金工装裤

19世纪中叶，美国加州发现了金矿，随之迅速兴起了一股淘金热。李维公司的创始人李维·施特劳斯也投入到这股淘金热中，并获得了他的第一桶金，但这桶金并非来自金矿，而是来自牛仔裤。

李维·施特劳斯乘船到旧金山开展业务，带了一些线团类的小商品和一批帆布供淘金者搭帐篷。下船后巧遇一个淘金的工人，李维·施特劳斯忙迎上去问："你要帆布搭帐篷吗？"那工人却回答说："我们需要的不是帐篷，而是淘金时穿的耐磨、耐穿的帆布裤子。"李维深受启发，当即请裁缝给那位"淘金者"做了一条帆布裤子。这就是世界上第一条工装裤。如今，这种工装裤已经成了一种世界性服装——李维牛仔服。

牛仔裤以其坚固、耐磨、穿着舒适获得了当时西部牛仔和淘金者的喜爱。大量的订单纷至沓来。李维·施特劳斯于1853年成立了

牛仔裤公司，以"淘金者"和牛仔为销售对象，大批量生产"淘金工装裤"。其品牌延续至今，仍是牛仔服世界第一品牌。

至理箴言

人生成功的秘诀是当好机会来临时，立刻抓住它。

——狄斯累利

甘布士的忠告

美国百货业的巨子约翰·甘布士是一个敢于冒险的勇敢者。当有人问到他的创业经验时，约翰·甘布士说："不放弃任何一个哪怕只有万分之一可能的机会。"

有一次，甘布士要乘火车去纽约，但事先没有订妥车票，这时恰值圣诞前夕，到纽约去度假的人很多，因此火车票很难买到。甘布士夫人打电话去火车站询问：是否还可以买到这一次的车票？车站的答复是：全部车票都已售完。不过，假如不怕麻烦的话，可以带着行李到车站碰碰运气，看是否有人临时退票。车站反复强调了一句，这种机会或许只有万分之一。

甘布士欣然提了行李，赶到车站去，就如同已经买到了车票一样。夫人关怀备至地问道："约翰，要是你到了车站买不到车票怎么办呢？"他不以为然地答道："那没有关系，我就好比拿着行李去散了一趟步。"

甘布士到了车站，等了许久，退票的人仍然没有出现，乘客们都川流不息地向月台涌去了。但甘布士没有像别人那样急于回去，而是耐心地等待着。大约距开车时间还有五分钟的时候，一个女人匆忙地赶来退票，因为她的女儿病得很严重，她被迫改坐以后的车次。

甘布士买下那张车票，搭上了去纽约的火车。到了纽约，他在酒店里洗过澡，躺在床上给他太太打了一个长途电话。

在电话里，他轻松地说："亲爱的，我抓住那只有万分之一的机会了，因为我相信一个不怕吃亏的笨蛋才是真正的聪明人。"

有一次，因为经济萧条，不少工厂和商店纷纷倒闭，被迫贱价抛售自己堆积如山的存货，价钱低到一美元可以买到一百双袜子。

那时，约翰·甘布士还是一家织造厂的小技师。他马上把自己积蓄的钱用于收购低价货物，人们见到他这股傻劲，都公然嘲笑他是个蠢材！约翰·甘布士对别人的嘲笑漠然置之，依旧收购各工厂和商店抛售的货物，并租了一个很大的货仓来存货。他妻子劝说他，不要把这些别人廉价抛售的东西购入，因为他们积蓄下来的钱有限，而且是准备用做子女教养费的。如果此举血本无归，那么后果便将不堪设想。

对于妻子的忧虑，甘布士笑过后安慰她："三个月以后，我们就可以靠这些廉价货物发大财。"甘布士的话似乎根本无法兑现。过了十多天后，那些工厂贱价抛售也找不到买主了，便把所有存货用车运走烧掉，以此稳定市场上的物价。太太看到别人已经在焚烧货物，不由得焦急万分，抱怨起甘布士。对于妻子的抱怨，甘布士一言不发。

终于，美国政府采取了紧急行动，稳定了这个地方的物价，并且大力支持那里的厂商复业。

这时，这个地方因焚烧的货物过多，存货欠缺，物价一天天飞涨。约翰·甘布士马上把自己库存的大量货物抛售出去，一来赚了一大笔钱，二来使市场物价得以稳定，不致暴涨不断。在他决定抛售货物时，他妻子又劝告他暂时不把货物出售，因为物价还在一天一天飞涨。他平静地说："是抛售的时候了，再拖延一段时间，就会后悔莫及。"

果然，甘布士的存货刚刚售完，物价便跌了下来，他的妻子对他的远见钦佩不已。后来，甘布士用这笔赚来的钱，开设了五家百货商店。

如今，甘布士已是全美举足轻重的商业巨子了，他在一封给青年人的公开信中诚恳地说道："亲爱的朋友，我认为你们应该重视那万分之一的机会，因为它将给你带来意想不到的成功。有人说，这种做法是傻子行径，比买奖券的希望还渺茫。这种观点是有失偏颇的，因为开奖由别人主持，丝毫不由你的主观努力决定；但这种万分之一的机会，却完全是靠你自己的主观努力去完成的。

不过同时你们也得注意，要想把握这万分之一的机会，必须具备一些条件：第一，目光长远。鼠目寸光是不行的，不能看见树叶，就忽略了整片森林。第二，必须锲而不舍。没有持之以恒的毅力和百折不挠的信心是无济于事的。假如这些条件你都具备了，那么有一天你也将成为百万富翁，只要你去付诸行动。要在商业活动中有所作为，仅靠一味的盲目蛮干是收效甚微的。投机，看准时机并把握它，将它变成现实的财富，才是成功企业家的明智选择。"

◼ 至理箴言

　　你若想尝试一下勇者的滋味，一定要像个真正的勇者一样，豁出全部的力量去行动，这时你的恐惧心理将会为勇猛果敢所取代。

——丘吉尔

◆ 自作聪明

从前有一个百万富翁，他一共有三十个儿子，其中十五个是亡妻生的，其余全是现在的妻子生的。

百万富翁临死前立了一道遗嘱，规定他所有的家产都由他三十个儿子中最聪明的一个继承。

继母很清楚，这三十个孩子中最聪明的就是前妻生的马里奥。她为了使自己的亲生儿子获得财产，思索了许久，终于想出了一个办法。

继母把三十个儿子叫在一起，让他们站成一个圆圈。她宣布，从其中一个人开始数，每数到十人，这第十个人就从圈子里退出，这就意味着他丧失了继承权，这样数下去，将不断有人被淘汰，最后剩下的那个儿子将继承所有财产。

儿子们不知道这是个圈套，都觉得是个公平的办法。当然，继母事先早已计算好，把十五个继子安排在必定被淘汰的位置上，然后从一个亲生子那儿开始数。马里奥被排在第十四号。不一会儿，继子一个一个退出圈外，最后只剩下马里奥一个继子了。

马里奥想：天下没有这么巧的事，一定是继母耍了花招。他仔细想了想，对继母说："继子被淘汰太多了，请妈妈从我这里开始数吧！"

这时继母已经非常得意，她想十六个人中只有一个继子，他肯定要被淘汰的。于是她假惺惺地说："是呀，这么多的继子被淘汰，实在是太可惜了。也许这是上帝的安排吧！我想这可能也是你父亲的愿望吧！不过为了公平起见，我答应你的要求。"

于是便出现了戏剧性的变化。

第一个亲生子被淘汰了——这是继母意料之中的。

第二个亲生子退出圈外——这也没有什么。

又淘汰了一名亲生子——只要最后剩下的是亲生子就行了。

然而，聪明反被聪明误。继母万万没有料到，数到最后，十五名亲生子竟然全部被淘汰了！继母当场晕了过去。

至理箴言

　　黄金和财富是战争的主要根源。　　　　——塔西佗

猫眼和猫身

美国有一位工程师和一位逻辑学家是无话不谈的好友。一次，两人相约赴埃及参观著名的金字塔。到埃及后，有一天，逻辑学家住进宾馆，仍然照常写自己的旅行日记，而工程师则独自徜徉在街头，忽然耳边传来一位老妇人的叫卖声："卖猫啊，卖猫啊！"

工程师一看，在老妇人身旁放着一只黑色的玩具猫，标价五百美元。这位妇人解释说，这只玩具猫是祖传宝物，因孙子病重，不得已才出卖以换取治疗费。工程师用手一举猫，发现猫身很重，看起来似乎是用黑铁铸就的。不过，那一对猫眼则是珍珠的。

于是，工程师就对那位老妇人说："我给你三百美元，只买下两只猫眼！"

老妇人一算，觉得行，就同意了。工程师高高兴兴地回到了宾馆，对逻辑学家说："我只花了三百美元竟然买下两颗硕大的珍珠！"

逻辑学家一看这两颗大珍珠，少说也值上千美元，忙问朋友是怎么一回事。当工程师讲完事情经过，逻辑学家忙问："那位妇人是否还在原处？"

工程师回答说："她还坐在那里，想卖掉那只没有眼珠的黑铁猫！"

逻辑学家听后，忙跑到街上，给了老妇人两百美元，把猫买了回来。工程师见后，嘲笑道："你呀，花两百美元买个没眼珠的黑铁猫！"

逻辑学家却不声不响地坐下来摆弄这只铁猫。突然，他灵机一动，用小刀刮铁猫的脚，当黑漆脱落后，露出的是黄灿灿的一道金色印迹。他高兴地大叫起来："正如我所想，这猫是纯金的！"

原来，当年铸造这只金猫的主人，怕金身暴露，便将猫身用黑漆漆过，俨然是一只铁猫。此时，工程师十分后悔。逻辑学家转过来嘲笑他说："你虽然知识很渊博，可就是缺乏一种思维的艺术，分析和判断事情不够全面深入。你应该好好想一想，猫的眼珠既然是珍珠做成的，那猫的全身会是用不值钱的黑铁所铸吗？"

至理箴言

傻瓜从聪明人那儿什么也学不到，聪明人却能从傻瓜那学到不少。
——拉瓦特

威勒的远见

威勒是18世纪美国最负盛名的房地产商和银行家，但他在发迹之前不过是一家银行里的普通职员。威勒本来是在一个亲戚的店铺里帮忙，因为勤快肯干，深得亲戚的信任，于是就让他负责跑银行的业务。因为经常到银行去，威勒便同银行里的人熟悉了。银行老板看他机灵诚实，决定聘请他做银行的职员。在银行里，威勒的才华很快显露出来，并且迅速被升为主管，负责对房地产方面的投资。

18世纪正是美国历史上大规模的开发建设时期，房地产开发炙手可热。在华盛顿的近郊有一块地皮，威勒认为有无限的开发前景，应该买下来。银行里其他的同事没有人同意他的观点，他们认为那里偏僻荒凉，不会有开发的前景，投进去很可能就烂在了那里。但是威勒凭自己的看法认为，美国的经济正在进入大发展的时期，无数的农民涌到城市里来，华盛顿用不了几年就会人满为患，必然要扩大城市的规模，而那块地方无论从哪个方面说都是开发建设的首选。同事们不以为然，老板也拿不准，但是凭着自己对威勒的信任，决定让威勒放手去买这块地皮，并负责那里的开发。就在威勒买下地皮，办完有关的法律文件，刚刚开始开发的时候，华盛顿市政府作出了一个决定，要在那里兴建新的商业中心，作为华盛顿的新城。威勒一年前买下的地皮在一夜之间飞涨了十倍，所有的同事都对威勒佩服得五体投地。威勒的这一个决定让银行老板一夜之间挣了数百万美元。老板为了表彰威勒，奖励了他十万美元。

在那个时候的美国，拥有十万美元已经是了不起的事情。威勒决定以这些资金为资本，自己干一番事业。他从自己熟悉的房地产开始，逐步扩大到许多行业，后来成为美国著名的房地产开发商和银行家。由此可见，威勒成功的秘密就是他与众不同的睿智和远见。

■ 至理箴言

　　丧失远见的人不是那些没有达到目标的人们，而往往是从目标旁溜过去的人们。　　　　　　　　　　——拉罗什富科

三个商人

在犹太人中流传着这样一个故事：三个商人死后去见上帝，讨论他们在尘世中的功绩。

第一个商人说："尽管我经营的生意几乎破产，但我和我的家人并不在意，我们生活得非常幸福快乐。"上帝听了，给他打了五十分。

第二个商人说："我很少有时间和家人待在一起，我只关心我的生意。你看，我死之前，是一个亿万富翁！"上帝听罢默不作声，也给他打了五十分。

这时，第三个商人开口了："我在尘世时，虽然每天忙着赚钱，

但我同时也尽力照顾好我的家人，朋友们很喜欢和我在一起，我们经常在钓鱼或打高尔夫球时，就谈成了一笔生意。活着的时候，人生多么有意思啊！"上帝听他讲完，立刻给他打了一百分。

至理箴言

既会花钱，又会赚钱的人，是最幸福的人，因为他享受两种快乐。
——塞·约翰生

购买泥土

三个年轻人一同结伴外出，寻找发财的机会。在一个偏僻的小镇，他们发现了一种又红又大、味道香甜的苹果。由于地处山区，信息、交通等都不发达，这种优质苹果仅在当地销售，售价非常便宜。

第一个年轻人立刻倾其所有，购买了十吨最好的苹果，运回家乡，以比原价高两倍的价格出售。这样往返数次，他成了家乡第一个万元户。

第二个年轻人用了一半的钱，购买了一百棵最好的苹果苗运回家乡，承包了一片山，栽种果苗。整整三年时间，他精心看护果树，浇水灌溉，没有一分钱的收入。

第三个年轻人找到果园的主人，用手指指着果树下面，说："我想买些泥土。"

主人一愣，接着摇摇头说："不，泥土不能卖。卖了还怎么长果树？"

他弯腰在地上捧起满满一把泥土，恳求说："我只要这一把，请你卖给我吧，要多少钱都行！"

主人看着他，笑了："好吧，你给一块钱拿走吧。"

他带着这把泥土返回家乡，把泥土送到农业科技研究所，化验分析出泥土的各种成分、湿度等。接着，他承包了一片荒山，用整整三年的时间，开垦、培育出与那把泥土一样的土壤。然后，他在上面栽种了苹果树苗。

现在，十年过去了，这三位结伴外出寻求发财机会的年轻人命运迥然不同。

第一位购买苹果的年轻人现在每年依然还要购买苹果运回来销售；但是因为当地信息和交通已经很发达，竞争者太多，所以赚的钱越来越少，有时甚至会赔钱。

第二位购买树苗的年轻人早已拥有自己的果园，因为土壤的不同，长出来的苹果有些逊色，但是仍然可以赚到相当的利润。

第三位购买泥土的年轻人，他种植的苹果大而味美，和山区的苹果相比不相上下，每年秋天引来无数购买者，总能卖到最好的价格。

至理箴言

即使在人生中，也和国际象棋一样，能聪明地预见的人才能获胜。

——巴克斯顿

专挑五分钱的硬币

有一个男孩常遭到同伴的嘲笑，因为每当别人拿一枚一角的硬币和一枚五分的硬币让他选择时，他总是选择五分的硬币，大家都笑他愚蠢。

有一位同伴觉得他太可怜了，就对他说："让我告诉你，虽然一角的硬币看起来比五分的硬币要小些，但它的价值是五分硬币的两倍，所以你应该拿一角的硬币。"

但小男孩回答说："假若我拿的是一角的硬币，下一次他们就不会拿钱来让我选了。"

小男孩明白，只有选择五分钱的硬币，他才可以长期拿下去；选择一角的硬币，只能拥有眼前的利益，而不能得到长久的利益。

■ 至理箴言

聪明人喜欢学习，可傻瓜却喜欢教导。　　　——契诃夫

◆ 一幅画卖出三幅画的价

在一次拍卖会上，一个印度人带来了三幅名画，这三幅画均出自于已经过世的名画家之手。

恰恰有一位美国人看上了这三幅画，他打起自己的小算盘：三幅画的作者已经去世，如果现在买下这些画，不需要多少时间，再脱手时一定可以大赚一笔。

他于是打定主意，不管怎样也要买下这三幅画。于是，他问那印度人："先生，你带来的画我觉得还不错，假如我要买下，当然是全部买下，需要多少钱？"

这个印度人也是一个地地道道的商业精，他知道自己的画的价值，而且他还了解到，美国人一般有个习惯，喜欢收古董、藏字画，而且他们一旦看上，是不肯轻易放弃的，宁肯出高价买下。

印度人仔细观察了那个美国人的神情，确信对方是不得到这三幅画不肯罢休了。

他的心里有了底，于是装作漫不经心地回答："先生，如果你真

心实意地要买，我看你就给二百五十万美元吧，这够便宜的！"

美国画商并非商场上的庸手，一美元他也不想多出，于是便和印度人讨价还价起来，大大地往下杀价钱。一时间谈判陷入了僵局，双方谁也不肯让步。

印度人灵机一动，计上心来，装作大怒的样子，起身离开谈判桌，拿起一幅画，就往外走，到了外面，二话不说就点火把那幅画烧成了灰烬。

美国画商很是吃惊，他从来没有遇上过这样的对手。眼睁睁地看着他喜欢的那幅画被烧得一干二净，他的心里又是惋惜又感到伤痛。于是小心翼翼地问那个印度人："那么，你这两幅画多少钱可以卖给我呢？"

想不到烧掉了一幅画的印度人口气更是强硬："二百五十万美元，少一分我都不卖！"

美国画商实在觉得有些不可思议，少了一幅画，还要二百五十万美元，

他强忍着怒气，还是回绝了这个价位："仅仅是两幅画，我最多给您两百万美元。"

想不到，那个印度商人根本不理这些，又怒气冲冲地烧掉了另一幅画。

这一回美国画商可真是大惊失色了，只好乞求印度人千万不要把最后一幅画也烧掉，因为自己太爱那幅画了，接着又问："你这最后一幅画卖多少钱呢？"

"二百五十万美元，少一分我都不卖。"

美国画商实在有些急了，问："一幅画怎么能与三幅画是一样的价钱呢？你这不是存心戏弄人吗？"

印度人作势欲走，似要一烧了之，被美国商人一把拉住。

这时，印度人开口了："这三幅画都出自于名家之手，如今，只剩下一幅，这可以说是绝宝，它的价值已经大大超过了三幅画都在

的时候。"

他顿了一顿:"所以,现在我告诉你,这幅画二百五十万美元我不卖了,如果你想买的话,最低得出五百万美元。"

听完后,美国画商一脸苦相,没办法,最后竟以五百万美元成交。

至理箴言

精明的人是精细考虑他自己利益的人;智慧的人是精细考虑他人利益的人。

——雪莱

宝石没有稻草贵

一天,两个朋友来到一个城市。甲对乙说:"你知道吗,这座城市曾经救过我的性命。那一年我从这里路过,突然急病发作,昏倒在路旁。是这座城市里最善良的人们把我背到医院,请医生为我治好了病。我不知道谁是我的救命恩人,因为他们都没有留下姓名。后来我离开了这座城市,现在我有很多财富,我想报答我的救命恩人。"

"那么,你准备为这座城市做点什么呢?"

"把我最珍贵的三颗宝石奉送给这里最善良的人们。"

他们在这座城市住了下来。第二天,甲就在自己的门口摆了一个小摊,上面摆着三颗闪闪发光的宝石。甲还在摊位上写了一张告示:"我愿将这三颗珍贵的宝石无偿送给善良的人们。"可是,过往的行人只是驻足观望了一会儿,然后又各走各的路去了。整整一天过去了,三颗宝石无人问津。两天过去了,三颗宝石仍遭冷落。又是三天过去了,三颗宝石还是寂寞无主。

甲大感不解。乙笑了笑说:"让我来做个试验吧。"于是,乙找来一根稻草,将它装在一个精美的玻璃盒里,盒中铺上红丝绒布,标签上写着:"稻草一根,售价一万美元。"

此举一出,立刻产生轰动效应,人们争先恐后,前来询问稻草的非凡来历。乙说这根稻草乃某国国王所赠,系王室家中传家之物,保佑着主人的荣华富贵。

结果,这根稻草被人以八千美元买去。三颗宝石依然在熠熠发光,可人们只是把它们当作假货,当作哄小孩子的东西而已。

■ 至理箴言

最大的智慧存在于对事物价值的彻底了解之中。

——拉罗什富科

❖ 不安分的卡赫利法

卡赫利法是巴林著名商业家族卡西比的后代,他开始执掌家族产业时,曾经显赫的家族已经分崩离析,产业也日渐衰微。他真是"受命于危难之际"。

显然,无论从资金上还是政治、社会地位上,他都难再沾家族的光了。现实将他"逼上梁山",他只能走创新之路。

当时,沙特阿拉伯的驻军需要大量外地食品,卡赫利法靠贷款在沙特西部的吉达港从事食品进口贸易,这些食品从埃及购进之后转卖给军方。这一商业项目,在当时无人去做,一片肥美的处女地,被卡赫利法捷足先登了。

当卡赫利法再返回中东时,已有所积蓄,羽翼初成,他雄心勃勃,准备起飞了。

不安分的性格,是卡赫利法成功的重要因素。他对传统商业项目不感兴趣，总喜欢冒险开创新兴项目。

阿拉伯半岛是个炎热的地方，卡赫利法认为这个地方发展冷冻食品大有可为，于是，他在美孚石油公司所在地的旁边，开办了中东第一家冷冻食品店，出售冷饮和袋装食品。自然，生意是火爆的，因为它是独一无二的。

起初他是美孚石油公司旁唯一的一家，渐渐地跟随者多了起来，消费者也迷上了这类食品。当阿拉伯冷冻食品市场初步形成时，卡赫利法已发展壮大，独占鳌头。

当冷冻食品市场的争斗成了一锅粥时，卡赫利法急流勇退，弃旧图新，果断跳出冷冻食品市场，避免在这块战场折将损兵，耗费精力，而是养精蓄锐，开辟新战场。

经过细致的可行性调查论证，卡赫利法向美孚公司的地方工业发展部贷款，开办了一家渔业公司，进行海鲜贸易。

五年的辛苦经营，卡赫利法已成为海湾地区的头号"渔翁"。1968年，卡赫利法在渔业方面的阵容和实力已是海外闻名了。当时，他拥有十六条拖网渔船，渔业年产值高达五百万美元，绝大多数海鲜打着"渔帆"商标出口美国。

渔业的巨额利润，又吸引了不少追赶"财神爷"的人。科威特、伊朗、巴林等国家和地区的商人纷纷嗅到鱼腥，都想大吃一口。但波斯湾的鱼虾不会随着捕捞规模迅速扩展而增加，反而锐减。

卡赫利法这时果断地停止了投资。众多渔业公司在昙花一现的高潮之后纷纷破产。卡赫利法又将矛头指向了建材业。

1970年之后，沙特房地产业迅速发展，卡赫利法集中精力生产混凝土砖块，这种砖块又成为供不应求的热销货。

至理箴言

异想天开给生活增加了一分不平凡的色彩，这是每一个青年和善感的人所必需的。　　　　　——巴乌斯托夫斯基

琼斯仔猪香肠

琼斯是一位农民，他在美国威斯康星州经营一个小农场。尽管他十分卖力地工作，可是却无法让他的农场生产出更多的东西，他只能很拮据地维持着一家人的生活。宽裕的生活对他们一家人来说，是可望而不可即的。月复一月，年复一年，琼斯就这样辛勤地劳作着，精打细算地维持着一家人的生活。

在琼斯渐渐年老的时候，他的生活依然没有改变。可是，有一天，灾难突然降临到琼斯头上，他患了全身麻痹症，从此卧病在床，连他的小农场也无力去经营了，他丧失了劳动与生活的能力。他的邻居和亲戚们都十分同情他，认为他将永远是一个毫无希望的病人，再也不能享受生活与工作的乐趣了。出乎所有人意料之外的是，琼斯竟然没有被疾病击垮，他体内潜伏的巨大的力量被激发，他开始运用他"沉睡"了数十年的大脑，进行积极的思考。他要成为一个有用的人，供养自己的家庭，而不是成为家人的负担。

经过反复的思考后，他把家人叫到自己的床前，说："你们在我们农场每一块可耕种的地上都种上玉米。然后，用收获的玉米养猪。当我们的猪稍微长大一点，就把它们宰掉，做成香肠。我们把香肠包装起来，可以把它叫做'琼斯仔猪香肠'。然后，我们就在各地的零售店出售这种香肠。"他说着，就被美好的前景所打动，轻轻地笑出了声，"我们的香肠可以像糕点一样出售。"

事情的发展确实像他所预料的一样，他们的香肠像糕点一样出售了！没过几年，"琼斯仔猪香肠"成了非常受欢迎的食品。琼斯在活着的时候就成为了百万富翁，以前可望而不可即的梦变成了现实。

> **至理箴言**
>
> 梦想家命长，实干家寿短。　　　　　　　　——奥赖利

◆ 阿卡德最后的醒悟

阿卡德原来从事雕刻陶砖的工作，有一天，一位有钱人欧格尼斯来向他订购一块刻有法律条文的陶砖。阿卡德说，他愿意连夜雕刻，到天亮时就可以完成，但是唯一的条件是欧格尼斯要告诉他致富的秘诀。

欧格尼斯同意了，因此到天亮时，阿卡德完成了陶砖的雕刻工作，欧格尼斯兑现了他的诺言，他告诉阿卡德："致富的秘诀是你赚的钱中有一部分要存下来。财富就像树一样，从一粒微小的种子开始成长，第一笔你存下来的钱就是你财富成长的种子，不管你赚得多么少，你一定要存下十分之一。"

一年后，当欧格尼斯再来的时候，他问阿卡德是否有照他的话去做，把赚来的钱省下十分之一。

阿卡德很骄傲地回答，他确实照他的方法做了，欧格尼斯就问："那存下来的钱，你如何使用呢？"

阿卡德说："我把它给了砖匠阿卢玛，因为他要旅行到远地买回菲利人稀有的珠宝，当他回来的时候，我们将把这些珠宝卖很高的价格，然后平分这些钱。"

欧格尼斯责骂说："只有傻子才会这么做，为什么买珠宝要信任砖匠的话呢？你的存款已经泡汤了！年轻人，你把财富的树连根都拔掉了，下次你买珠宝应该去请教珠宝商，买羊毛去请教羊毛商，别和外行人做生意！"

就如同欧格尼斯所说，砖匠阿卢玛被菲利人骗了，买回来的是

不值钱的玻璃，看起来像珠宝。阿卡德再次下定决心存下所赚的钱的十分之一，第二年，当欧格尼斯再来的时候，他又询问阿卡德钱存得如何？

阿卡德回答："我把存下来的钱借给了铁匠去买青铜原料，然后他每四个月付我一次租金。"

欧格尼斯说："很好，那么你如何使用赚来的租金呢？"

阿卡德说："我把赚来的租金拿来吃一顿丰盛大餐，并买一件漂亮的衣服，我还计划买一头驴子来骑。"

欧格尼斯笑了，他说："你把存下的钱所衍生的利息吃掉了，你如何期望他们以及他们的子孙能再为你工作，赚更多的钱？当你赚到足够的财富时，你才能尽情享用而无后顾之忧。"

又过了两年，欧格里尼斯问阿卡德："你是否已达到梦想中的财富？"

阿卡德说："是的，有关造砖的工作请教我能得到很好的建议。"

欧格尼斯说："你已学会了致富的秘诀。首先你学会了从赚了的钱省下钱，其次你学会了向内行的人请教意见，最后你学会了如何让钱为你工作，使钱赚钱。你已学会如何获得财富，保持财富，运用财富。"

至理箴言

　　一个人的经验是要在刻苦中得到的，也只有岁月的磨炼能够使它成熟。
　　　　　　　　　　　　　　　——莎士比亚

第二辑

> 财富不应当是生命的目的，它只是生活的工具。
>
> ——比才

◆ 捕雀的启示

一天，靠炒卖股票发家的犹太巨富列宛，看着他八岁的儿子在院子里捕雀。

捕雀的工具很简单，是一只不大的网子，边沿是用铁丝圈成的，整个网子呈圆形，用木棍支起一端。木棍上系着一根长长的绳子，孩子在立起的圆网下撒完米粒后就牵着绳子躲在屋内。

不一会儿，就飞来几只雀儿，孩子数了数，竟有十多只！它们大概是饿久了，很快就有八只雀儿走进了网子底下。列宛示意孩子可以拉绳子了，但孩子没有，他悄悄告诉列宛，他要等那五只进去再拉。

等了一会儿，那五只非但没进去，反而走出来四只。列宛再次示意孩子快拉，但孩子却说，别忙，再有一只走进去就拉绳子。

可是接着，又有三只雀儿走了出来。列宛对他说，如果现在拉绳子还能套住一只。但孩子好像对失去的好运不甘心，他说，总该有些要回去吧，再等等吧。

终于，连最后一只雀儿也吃饱走出去了。孩子很伤心。

列宛抚摸着孩子的头，慈爱地教训道：

"欲望无穷无尽，而机会却稍纵即逝，很多时候，贪婪不但不能满足我们的欲望，反而会让我们把原先拥有的东西也失去。"

■至理箴言

贪心的人总想把什么都弄到手，结果什么都失掉了。

——克雷洛夫

◆ 富有与节俭

卡恩站在百货商场前，随意地看着各样的商品。他身旁有一位穿戴很体面的犹太绅士，站在那里抽着雪茄。

卡恩恭恭敬敬地对绅士说：

"您的雪茄很香，好像不便宜吧？"

"两美元一支。"

"好家伙……那您一天得抽多少支呀？"

"十支。"

"天哪！这么多！……您抽多久了？"

"四十年前我就抽上了。"

"什么，您仔细算算，要是不抽烟的话，那些钱就足够买下这幢百货商场了。"

"这么说，您不抽烟？"

"是的，我不抽烟。"

"那么，您买下这幢百货商场了吗？"

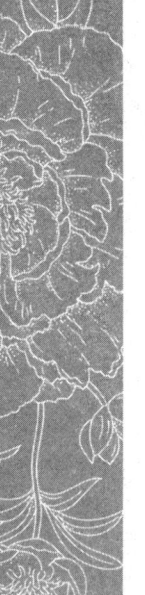

"没有。"

"告诉您,这幢百货商场就是我的。"

至理箴言

勤劳是穷人的财富,节俭是富人的智慧。　　——佚名

◆ 豪华的旅程

一对老夫妇省吃俭用将四个孩子抚养长大,岁月匆匆,他们结婚已有五十年了。收入颇丰的孩子们正秘密商议着要送给父母什么样的金婚礼物。

由于老夫妇喜欢携手到海边享受夕阳余晖,孩子们决定送给父母最豪华的"爱之船"旅游航程,好让老两口尽情徜徉于大海的旖旎风光之中。

老夫妇带着头等舱的船票登上豪华游轮,可以容纳数千人的大船令他们赞叹不已。而船上的游泳池、豪华夜总会、电影院、赌场、浴室等令他们目不暇接、惊喜无限。

唯一美中不足的是,各项豪华设施的费用都十分昂贵。一贯节省的老夫妇盘算自己不多的旅费,细想之下,实在舍不得轻易去消费。他们只得在头等舱中安享五星级的套房设备,或流连在甲板上,欣赏海面的风光。

幸而临行前他们怕船上伙食不合口味,随身带有一箱方便面,既然吃不起船上豪华餐厅的精致餐饮,于是只好以泡面充饥,如想变换口味,便到船上的商店买些西点、面包、牛奶果腹。

到了航程的最后一夜,老先生想,若回到家后,亲友邻居问起船上餐饮如何,而自己竟答不上来,也还是说不过去。他和太太商

量后，索性狠下心来，决定在晚餐时间到船上的餐厅去用餐，反正也是最后一餐，明天即是航程的终点，也不怕挥霍。

在音乐及烛光的烘托之下，欢度金婚纪念的老夫妇仿佛回到初恋时的快乐。在举杯畅饮的笑声中，用餐时间已近尾声，老先生意犹未尽地招呼侍者结账。

侍者很有礼貌地问老先生："能不能让我看一看您的船票？"

老先生闻言不由生气："我又不是偷渡上船的，吃顿饭还得看船票？"嘟囔中，他拿出船票扔在桌上。

侍者接过船票，拿出笔来，在船票背面的许多空格中划去一格。同时惊讶地问："老先生，您上船以后，从未消费过吗？"

老先生更是生气："我消不消费，关你什么事？"

侍者耐心地将船票递过去，解释道："这是头等舱的船票，航程中船上所有的消费项目，包括餐饮、夜总会以及赌场的筹码，都已经包括在船票售价内，您每次消费，只需出示船票，由我们在背后空格注销即可。老先生您……？"

老夫妇想起航程中每天所吃的泡面，而明天即将下船，不禁相对默然。

至理箴言

谁若是有一刹那的胆怯，也许就放走了幸运在这一刹那间对他伸出来的香饵。

——大仲马

财富观点

与一个银行家比邻而居的鞋匠一天到晚都不停地唱着歌，对人总是笑脸迎人，他对自己的生活与工作都非常满意。

银行家拥有万贯家财，时时对人存有戒心，很少与人有往来，害怕钱财被偷，晚上更是睡不好，因此经常愁眉不展。

　　银行家非常想知道鞋匠快乐的秘密，一日，将鞋匠找来并问他："为何你每天总是过得如此快乐？你能否告诉我你一年赚多少钱呢？"

　　鞋匠告诉银行家："先生，我从来不去计算我所赚的钱，只要每天有饭吃我就心满意足了。我的财富并不是因为我拥有的很多，而是我要求的很少。"

至理箴言

　　鸟翼上系上了黄金，鸟就飞不起来了。　　——泰戈尔

❖ 对金钱的欲望

　　从前，在马来西亚的西海岸边上，住着一个叫比波的渔夫，他每天早出晚归出海捕鱼，卖鱼的钱除了吃饭、穿衣等必需的日常开销外，剩下的就不多了。所以，比波对辛辛苦苦地捕鱼这种生活很不满意，他一心只想着发财。可是，比波的心里明白：靠捕鱼，自己是永远都不会成为富翁的。

　　有一天，大风呼呼地吹着，海面上卷起了巨浪。比波今天不能出海了，这下可好，连吃饭都成了问题。忽然，比波想起父亲临死前对他说的话："曾有装满了金银珠宝的轮船，遇上大风浪沉没在这片海域。孩子，如果你能找到它的话，就能变成富翁啦！"

　　"对呀，"比波兴奋地自言自语道，"我为什么不去碰碰运气呢？说不定真能找到那条船，如果真能找到的话，那我就可以不用捕鱼而天天享福了！"

　　于是，比波每天就只用半天时间捕鱼，另外半天时间就花在寻

找沉船上。

老天对于肯下工夫的人总是格外照顾的。

一天，比波又划着舢板出海了，一方面是为了钓鱼，另一方面是为了寻找沉船。中午时分，比波忽然觉得鱼钩很沉。"一定是条大鱼。"比波心里想，高兴得拼命拉绳子。拉了半天，也不见鱼儿的动静。"咦，不对呀，是鱼怎么不动呢？如果不是鱼，那又会是什么东西呢？"比波抑制不住自己的好奇心，仍吃力地拉着，想看看究竟是什么玩意儿。

啊，终于拉上来了。比波只觉得眼前一亮，一条金光闪闪的大项链就出现了。"一定是那艘珠宝船上的。"比波高兴得快要发疯了，"哈哈，这回我变成大富翁啦！"可是，这条金链也不知有多长，舢板已经装满了，眼看快要沉没了，还是拉不完。

比波一边拼命地拉，一边计划着：买个大庄园，建幢大洋房，再买辆大汽车……他沉浸在穿豪华衣服、吃山珍海味的想象中了。这时只听得"轰"的一声，小舢板承受不了超量的负载，终于沉没了。比波也带着他那没做完的发财梦葬入了海底。

至理箴言

贪婪的人，必定会葬身在用自己毕生索取的金钱而垒起的坟墓中。
——弗罗希

❖ 快乐不是金钱可以买得到的

佩斯城里住着一个穷靴匠，名叫亚诺什。他每天辛勤工作，却一直没能过上富裕的生活，因为家中每年都有一个新生命呱呱坠地。

第九个孩子出生后，靴匠的妻子离开了人世，撇下他孤零零地承担起抚养孩子的责任。

这些孩子中,两三个已在上学,还有一两个正在学走路,其余的几个幼小得很,需要有人给他们喂饭,替他们穿衣。为了养家,靴匠得拼命地赚钱。给孩子们做鞋的时候,一下子得做九双!分面包的时候,一次得切成九片!

"哦,仁慈的上帝,祝福我吧。"可怜的亚诺什常常禁不住叹息。是啊,九个孩子,整整九个啊!谢天谢地,总算还好,个个都长得健康、漂亮,又乖巧懂事。只要孩子们不染上什么病,他宁肯自己辛苦些,也要多挣几片面包。

圣诞节的晚上,靴匠在外奔忙,很晚才回家。他总是把做好的靴子送上门去,换取一点小钱。在回来的路上,他看到街上那些店铺里,金羊羔、银羊羔玩具和糖娃娃堆满了售柜。亚诺什在每个店铺前停停看看:是不是替孩子们买点什么呢?九份么,当然花销不起。只买一份吧,其他孩子嫉妒怎么办呢?最后,他决定送给孩子们一样别致的圣诞礼物,这种礼物将使人人都快乐,并且不至于互相争夺。

"孩子们,一、二、三、四……你们都到这儿来。"亚诺什回家后,招呼孩子们在一起,"你们知道吗?今天是圣诞节呀!这是真正的节日。今晚不干活了,我们应该好好地乐一乐。"

孩子们欢呼雀跃,兴奋得吵翻了天……

"孩子们,别吵了。我来教你们一支歌,一支非常好听的歌。这就是今天父亲为你们准备的圣诞礼物。"

小家伙们闹哄哄地齐拥到父亲跟前,有的扑到他怀里,有的搂住他的脖子。

亚诺什让几个孩子像风琴管子一样,整齐地列成队。他将最小的一个搂在怀里,还抱了一个在膝上。

"孩子们,静一静!现在跟着我唱。"

亚诺什说完,带着严肃而虔诚的神情,唱起了那支优美而古老的歌：《庆祝圣基督的诞辰》。

　　大一些的孩子，很快就掌握了调子。至于那些尚年幼的，当然是错误百出，不是跑了调，就是没跟上拍子。最后，大家还是都学会了这支歌。在这个难忘的夜晚，九位可爱的小天使一同唱起这美妙动听的歌，心里多么的快乐啊！

　　听到孩子们的歌声，人们也会喜不自胜呢！然而，对于他们楼上住着的人来说，情形可大不一样。这里住着一位富有的老爷，一个人却住着九个房间。他在第一个房间里闲坐，在第二间里睡卧，第三间用于吸烟，第四间专供用餐——鬼才知道，其余的又有什么用场呢！

　　此刻，富人正在他的第八个房间里静坐，他独自思忖：为什么饭菜会如嚼蜡般无味呢？报上为什么找不到一条可资消遣的趣闻呢？偌大的房间，为什么会令人感到窒息呢？

　　这时候，楼下传来了歌声，起初声音不大，渐渐地变得高昂起来，一直萦响在他的耳畔。

　　开始他没有在意，心想很快就结束了。当歌声响到第十遍的时候，他再也无法忍受，下了楼，寻声找到靴匠家里来。

　　他进门的时候，屋子里的歌声刚好停了。亚诺什恭恭敬敬地从三脚椅子上站起来，走到他的跟前。

　　"你就是亚诺什，那个靴匠吗？"富人问道。

　　"是的，老爷，听候您的盼咐。您是想定做一双漂亮的靴子吗？"

　　"我不是为此而来的。哦，你有这么多的孩子！"

　　"是的，尊敬的老爷，大大小小一大帮。吃饭的时候，嘴也多。"

　　"唱起歌来的时候，恐怕嘴更多呢。听着，亚诺什师傅，我替你带来了好运气——把你的孩子送给我一个，做我的儿子，我来抚养，将来他会成为一个有钱的老爷，也可以帮助这些兄弟姐妹呀。"

　　亚诺什惊诧得睁大了双眼。他的一个儿子将成为老爷——多值得庆幸的事啊！谁还能不动心呢？为什么拒绝呢？给，当然——给！

"那好，快些帮我挑一个，然后我带他离开这儿。"

亚诺什开始着手挑选，并自言自语道："这是小山道尔。哦，我可不愿意把他送人。他学习棒极了，将来准能成为牧师。第二个，是女孩——尊敬的老爷想要的不是女孩。小费伦茨已经能帮我干活，缺了他可不行。亚诺什卡已经照我的姓施了洗礼，当然不可以送给别人。小尤莎真像她母亲，看到她就像看到我妻子一样，难道能让她从屋子里从此消失吗？下一个，又是女孩，不用考虑了。现在轮到帕里卡。他是妈妈生前最宠爱的小宝贝，要是送给人家的话，那可怜的女人在地下也无法安息的。其余的两个还小得很，你这位老爷能照顾他们吗？"

亚诺什把孩子从大到小看过，没有挑选好。他又把孩子从小到大端详一番，依然没有结果。他怎么能做出决定呢？哪一个都是他心疼的宝贝啊。

"孩子们，你们自己来决定吧。谁想离开这儿，去当老爷，去坐漂亮的马车？你们快说啊。谁想去，就站出来吧。"亚诺什向孩子们问道。

可怜的靴匠说这番话的时候，几乎要哭出声来。面对这样的诱惑，孩子们却都怯生生地缩到父亲背后，扯住他的手、裤腿和皮围裙，远远地躲开这位富有的老爷。

"不行，尊敬的老爷，不行啊！你可以把我的一切都拿走，但我不能把任何一个孩子送给别人，无论是谁。上帝已经把他们赐给我了。"

富人无奈，要他别再让孩子们唱歌了，作为补偿，他给靴匠一千本戈。

"一千本戈！"亚诺什做梦都没有想过啊！而现在，这整整一千本戈就在他手里攥着。

富人回到楼上，又去消磨他的无聊时光。亚诺什小心翼翼地将一千本戈锁到箱子里，把钥匙藏在口袋里，而后就在一旁沉默不语。

此时，孩子们也都不说话，屋子里笼罩着一种死寂的气氛——

不能继续唱歌了。

小家伙们噘着嘴坐在凳子上。亚诺什默默地在屋子里踱来踱去。妻子生前最喜欢的那个小宝贝走过来，要父亲再教一遍那支歌，因为他已经忘记怎么唱了。亚诺什粗暴地叫他走开："不许再唱了。"

靴匠气呼呼地坐下，开始一心一意地做起靴子来。他裁着，削着，最后发觉自己也不知不觉地哼起《祝福圣基督的诞辰》来。他使劲捆自己的嘴巴，后来终于生起气来，一脚踢开椅子，打开木箱，取出那一千本戈，三步两步跑到楼上的富人那里。

"尊敬的老爷，请收回您的钱吧。让我们唱吧，只要我们高兴。这远比一千本戈更值钱呵！"

说完，他将钞票扔在桌子上，转身跑回家去。他挨个亲吻了每个孩子，然后坐到他们中间。屋子里重新响起那古老而优美的歌曲——这是出自纯净心灵的歌啊！

他们唱啊，唱啊，兴致高涨，仿佛整幢大楼都是他们的了。而此刻，那位富有的老爷，正独自在他的九个房间里来回踱着。他思忖着，诧异着，怎么也不明白——在这个世界上，别人究竟寻到了什么乐趣呢？

◼ 至理箴言

人生的快乐和幸福不在金钱，不在爱情，而在真理。

——契诃夫

❖ 贪小便宜吃大亏

有一个百万富翁，忽然走了好运。

有一天，在回家的路上，百万富翁碰到一个穿戴十分平常的陌生人。他并没想和那个人搭话,那人却主动找他谈开了。那人好像知道百万富翁有钱似的,话没说了几句,就谈到一个换钱的契约上。

"我们来订一个契约吧。"陌生人说,"根据这个契约,我将在整整一个月中,每天给你十万元,而你,第一天只需要给我一分钱。"

"十万元?只给你一分钱?"百万富翁简直不相信自己的耳朵。

"对,一分钱。"陌生人肯定地说,"第二天我照契约再给你十万元,你给我二分钱。"

"那么以后呢?"百万富翁变得迫不及待了。

"以后是这样:第三次我还是付给你十万元,我得四分钱,第四次我得八分,第五次我得十六分。这样整整一个月,我每天得到的钱是前一天的两倍。"

百万富翁是不相信世间会有这样的大傻瓜的。他甚至怀疑那人正患着精神病。不过又一想,只要能多捞钱,别的又何必管它呢!他急切地问:"以后又怎样呢?"

"以后再没什么了。"陌生人说,"只是你我都必须要遵守这个契约,每天早晨我带十万元给你,你就照契约付给我钱,直到满一个月为止。"

"我们还是找几个人作证,签订一个正式契约吧!以免空口无凭,以后出现不愉快的事情。"百万富翁生怕陌生人一旦清醒过来,中途悔约。

于是,两人办妥了一切手续。

百万富翁回到家里,高兴得一夜难合眼。"有时人会走好运的。"他躺在床上美滋滋地想,但也担心,"那个人真的会来吗?他送来的钱会不会是假的?"

第二天清早,陌生人真的来敲门了。他把十万元放在百万富翁面前。

百万富翁两手颤抖着拿起钱,连数了两遍,并逐张检查,看是不是假的。当他完全放下心来后，才把自己的一分钱给了陌生人。

"明天这个时候我还会送来十万元，但不要忘记，请准备两分钱。"陌生人说完，走了。

"这是上帝的旨意，让我交上了好运。"百万富翁嘴里不停地喃喃着。第二天，陌生人又把钱带来了，取走了自己应得的两分。

百万富翁拿着第二个十万元，想："世界上再多一些这样的傻瓜该有多好，那样，我的日子会更好过……"

第三天，陌生人拿来十万元，换走了四分。

第四天，用第四个十万元换走了八分。

第五天，换走了十六分。

到第十天，百万富翁已经得到一百万元，而总共付出去的仅仅是十多元。

这时，贪心的百万富翁真后悔契约只订了一个月，只能得到三百万元。怎么就没想到订二个月、三个月甚至更长的时间呢？

到了第二十天，百万富翁已经得到了二百万元。陌生人得到的还是少得可怜，这不难算出：$1+2+4+8+……+524288=1048575$（分），总共一万元多一点。可是，从第二十天开始，百万富翁发觉自己的支出在激增。情况是：

收到第二十一个十万元时，百万富翁当面给了陌生人一万元多点儿；收到第二十二个十万元时，给了陌生人两万元多；当收到第二十七个十万元时，给了陌生人六十七万元还要多。

更可怕的情景还在最后三天：

收到第二十八个十万元时，要当面付给陌生人一百三十多万元；当收到第三十个十万元时，竟要当面付给陌生人五百多万元！

结果，在百万富翁一个月内得到三百万元的同时，他一共要付给陌生人 $1+2+4+8+16+……+536870912=1073741823$（分），也就是大约一千一百多万元。

贪婪的百万富翁，开始只注意到付出的代价是微不足道的，万万没想到，数字成倍地增长起来，会变得这么惊人。本想占便宜，没想到却吃了个大亏。走"好运"的百万富翁，彻底破产了！

至理箴言

贪吃蜂蜜的苍蝇准会溺死在蜜浆里。　　　　——莎士比亚

◆ 金钱是水，欲望是船

一位心理学教授带着学生，就人们对金钱的欲望进行调查。

一天，他们来到街上，正好看到一个向过往的行人要钱的乞丐，就确定他为调查对象。在说明来意并与他讲清报酬后，他们对乞丐提出明确要求：对提出的问题要实事求是地回答，心里怎么想的，嘴上就怎么答，如果我们断定是假话，将酌情扣除部分报酬。乞丐满口应承。

教授问的第一个问题是："如果你现在有十元钱，你最想干的是什么？"乞丐立即回答："我先跑到熟食店买一只烧鸡，两瓶啤酒，找个僻静的墙根，吃个美喝个够，再晒着太阳睡上一觉。"

"如果现在你有一百元呢？"乞丐答道："买上两只烧鸡，三瓶啤酒，把在地铁口要钱的老伴叫上，好好地吃上一顿。然后找个招待所，痛痛快快地洗个澡，再美美睡上一觉。"

"如果现在你有一千元呢？"乞丐一愣，接着很难为情地答："可我从小到现在从没有过一千元呢。"教授很严肃地说："现在是假如，让你说的是假如。""那我先要买上一身很好的衣裳，像你们一样体体面面地走在大街上，四处逛逛，看看风景，再不睡在街头了。让联防公安问来问去，连个好觉也睡不上。"乞丐很心酸地回答。

"如果现在你有一万元呢？"乞丐立即来了精神，头一昂高兴地回答："我立马回老家，盖上新房子，置一块好地，春夏种种庄稼，冬来打打麻将。"

"如果现在你有十万元呢？"教授急切地问他。乞丐微微一愣，继而满脸生光，幸福顿时溢满脸庞，喜滋滋走到教授身边，悄悄地说："和城里的大款一样，穿金戴银，住别墅，开小车，带小蜜到歌厅唱唱歌——天下有什么乐事，我都想尝尝。"

教授和学生们听了乞丐的话都面面相觑，随即教授给了乞丐一百元钱作为报酬。可是乞丐接过钱并没像他说的那样，立即奔向熟食店，而是笑眯眯地看着教授，仿佛在问还有没有问题，还能给多少钱。

至理箴言

金钱就像海水，你喝得越多，你就越是感到渴。　　——叔本华

快乐地挣钱

汉德·泰莱是纽约曼哈顿区的一位神父。

那天，教区医院里一位病人生命垂危，他被请过去主持临终前的忏悔。他到医院后听到了这样一段话："仁慈的上帝，我喜欢唱歌，音乐是我的生命，我的愿望是唱遍美国。作为一名黑人，我实现了这个愿望，我没有什么要忏悔的。现在我只想说，感谢您，您让我愉快地度过了一生，并让我用歌声养活了我的六个孩子。现在我的生命就要结束了，但我死而无憾。仁慈的神父，现在我只想请您转告我的孩子，让他们做自己喜欢做的事吧，他们的父亲是会为他们骄傲的。"

一个流浪歌手，临终时能说出这样的话，让泰莱神父感到非常吃惊，因为这名黑人歌手的所有家当，就是一把吉他。他的工作是每到一处就把头上的帽子放在地上开始唱歌。四十年来，他如痴如醉，用他苍凉的西部歌曲，感染他的听众，从而换取那份他应得的报酬。

黑人的话让神父想起五年前曾主持过的一次临终忏悔。那是位富翁，住在里士本区，他的忏悔竟然和这位黑人流浪汉差不多。他对神父说："我喜欢赛车，我从小研究它们、改进它们、经营它们，一辈子都没离开过它们。这种爱好与工作难分、闲暇与兴趣结合的生活，让我非常满意，并且从中还赚了大笔的钱，我没有什么要忏悔的。"

白天的经历和对那位富翁的回忆，让泰莱神父陷入思索。当晚，他给报社去了一封信。信里写道："人应该怎样度过自己的一生才不会留下悔恨呢？我想也许做到两条就够了。第一条，做自己喜欢做的事；第二条，想办法从中赚到钱。"

后来，泰莱神父的这两条生活信条，被许多美国人所信奉。的确，人生真能如此，也就没什么好后悔的了。

■ 至理箴言

一个有真正大才能的人会在工作过程中感到最高度的快乐。
——歌德

◆ 金钱与自由

一个富翁在海边度假，坐在松软的沙滩上，迎着凉爽的海风，晒着暖暖的太阳，他感到无比的惬意。

在不远处，一个渔翁正在那里钓鱼。富翁坐在那里，静静地在那里观察这个渔翁，不一会儿的工夫，渔翁就钓了三条大鱼，这时候渔翁开始收竿。富翁看得正有趣，见渔翁要收竿，便凑了过去："你为什么不多钓一些鱼呢？""已经够晚上吃的了。"渔翁回答。"多余的你可以拿到集市上去卖钱呀！""那又怎么样呢？"

富翁说："你有了更多的钱，你就可以用你的钱去赚钱，你就不用再到海边钓鱼了。""那又怎么样呢？"渔翁又问。"你有了更多的钱，你就可以雇更多的人为你做事了。"富翁回答。"但是那又能怎么样呢？"富翁回答说："那样你就会有更多的时间度假，你就可以到海边来晒太阳了！"渔翁大笑，说："我现在不就在晒太阳吗？"

■ 至理箴言

为了享有自由，我们必须控制自己。　　　——任尔夫

❖ 愉快的歌声

一位有钱人，每天早上经过一个豆腐坊，都能听到屋里传出愉快的歌声。这天，他忍不住走进豆腐坊，看到一对小夫妻正在辛勤劳作。富人恻隐之心大发，说："你们这样辛苦，只能唱歌消烦，我愿意帮助你们，让你们过上真正快乐的生活。"说完，放下了一笔钱，送给小夫妇。

这天夜里，富人躺在床上想，"这小夫妇不用再辛辛苦苦做豆腐了，他们的歌声会更响亮的。"第二天一早，富人又经过豆腐坊，却没有听到小夫妻俩的歌声，他想，他们可能激动得一夜没睡好，今天要睡懒觉了。但随后的几天，还是没有歌声，富人好奇怪。

就在这时，那做豆腐的男子走到他面前，手里拿着那些钱，见

了富人便急忙说道:"先生,我正要去找你,还你的钱。"富人问:"为什么?"年轻的男子说:"在没有这些钱时,我们每天做豆腐卖,虽然辛苦,但心里非常踏实。自从拿了这一大笔钱,我和妻子反而不知如何是好了,不做豆腐,那我们的快乐在哪里呢?现在把钱放在屋里,又怕它丢了,做大买卖,我们又没有那个能力,所以,还是还给你吧!"

富人非常不理解,但还是收回了钱。第二天,当他再次经过豆腐坊时,听到里边又传出了小夫妇的歌声,他们又像以前那样愉快地生活着。

至理箴言

真正的快乐是内在的,它只有在人类的心灵里才能发现。

——布雷默

人为财死

永州地方的人都很会游泳。有一天,江水暴涨,有五六个人划着一只小木船横渡湘江,船到中流,被激浪打翻,大家都落进水里,拼命向岸边游去。

其中有一位汉子在这些人当中的游泳水平是最高的,可是所有人都快到岸上了,只见他却使出气力,也游不了几尺远。

同伴奇怪地问他:"平日你最会游水,怎么今天落在后面去了?"

他喘着粗气回答:"我腰上缠着一千枚大钱,重得很,所以游不动啦。"

同伴说:"怎么还不丢掉呢?"他不回答,只是摇着头。

不一会儿,他更加游不动了。已经上岸的同伴对他大声呼叫说:

"你好愚蠢，你被金钱迷得太深了，命都顾不上，还要钱干什么？"他翻着白眼，还是摇着头。

最后，他沉下水底淹死了。

■ 至理箴言

没有钱是悲哀的事，但是金钱过剩则更加悲哀。——托尔斯泰

贪婪的父子

一条细细的山泉，沿着窄窄的石缝，叮叮咚咚地往下流淌，也不知过了多少年，竟然在岩石上冲刷出一个鸡蛋大小的浅坑。奇怪的是，山泉不知从哪儿冲来黄灿灿的金砂，填满了小坑。

有一天，一位采药的老汉来喝山泉水，偶然发现了清洌泉水中闪闪的金砂。惊喜之下，他小心翼翼地捧走了金砂。

从此，老汉不再吃苦受累，不再爬山越岭采集草药。过个十天半月的，他就来取一次金砂，不用说，日子很快富裕起来。人们都感到蹊跷，不知老汉交上了什么财运，老汉对这个秘密守口如瓶，上不告父母，下不告妻小。

老汉的儿子跟踪窥视，发现了父亲的秘密，认真看了看窄窄的石缝、细细的山泉，还有浅浅的小坑，他埋怨父亲不该将这事瞒着，不然早发大财了……

儿子向父亲建议，拓宽石缝、扩大山泉，不是能冲来更多的金砂吗？父亲想了想，自己真是聪明一世，糊涂一时，怎么就没有想到这一点？说干就干，父子俩叮叮当当，把窄窄的石缝凿宽了，山泉比原来大了几倍，又凿大凿深了坑。父子两个累得大汗淋漓，想到今后可以获得很多很多的金砂，高兴得一口气喝光了一瓶酒，醉

成了一团泥……

父子俩天天跑来看,却天天失望而归,金砂不但没增多,反而从此消失得无影无踪。父子俩百思不得其解:金砂哪里去了呢?

■ 至理箴言

　　财富就像海水,饮得越多,渴得越厉害;名望实际上也是如此。
　　　　　　　　　　　　　　　　　　　　——叔本华

◆ 黄金与砖头

售货员费尔南多是一个犹太人,一次礼拜五他去了一个小镇,但由于身无分文而无法食宿,他便找犹太教堂的执事,执事对他说:"礼拜五来这里的穷人非常多,每家都住满了,只有金银店老板西梅尔家例外,可是他从不接纳客人。"

"他肯定会接纳我的。"费尔南多肯定地说。

然后,他就去了西梅尔家,等敲开门后,他神秘兮兮地把西梅尔拉到一旁,从大衣兜里取了一个砖头大小的沉甸甸的小包,小声说:"我想问你一下,砖头那么大的黄金值多少钱?"

金银店老板眼睛一亮,但是现在是犹太民族的安息日,不能继续谈生意了,为了能做成这笔生意,他便极力挽留费尔南多住在他家,到明天日落后再谈。

于是,在整个安息日,费尔南多都受到金银店老板热情的款待。到了周六的晚上,西梅尔认为是交易的时候了,他满脸堆笑地叫费尔南多将他的黄金拿出来看看。

"我哪有什么金子,我只是想问一下砖头大小的黄金值多少钱而已。"费尔南多故作惊讶地说道。

至理箴言

如果你把金钱当成上帝，它便会像魔鬼一样折磨你。

——菲尔丁

❖ 生命比金钱重要

陶朱公原名范蠡，他帮助越王勾践打败吴王夫差以后，功成身退，转而经商。后来辗转来到陶地，自称朱公，人们都称他为陶朱公。他谋划治国治军的功夫厉害，经商赚钱的本事也不差，据说他是中国走私经营的鼻祖，总之，他成了大富翁。

后来他的二儿子因杀人被囚禁在楚国。陶朱公想用重金赎回二儿子的性命，于是决定派小儿子带着许多钱财去楚国办理这件事。长子听说后，坚决要求父亲派他去，他说："我是长子，现在二弟有难，父亲不派我去反而派弟弟去，这不是说明我不孝顺吗？"并声称要自杀。陶朱公的老伴也说："现在你派小儿子去，还不知道能不能救活老二，却先丧了长子，可如何是好？"陶朱公不得已就派长子去办这件事，并写了一封信让他带给以前的好友庄生，交代说："你一到之后就把钱给庄生，一切听从他的安排，不要管他怎么处理此事。"

长子到楚国后，发现庄生家徒四壁，院内杂草丛生，按照父亲的嘱咐，他把钱和信交给了庄生。庄生说："你就此离开吧，即使你弟弟出来了，也不要问其中的原委。"但长子告别后并未回家，而是想：这么多钱给他，如果二弟不能出来，那不吃大亏了？就留下来听候消息。庄生虽然穷困，但却非常廉直，楚国上下都很尊敬他。陶朱公的贿赂，他并不想接受，只准备在事成之后再还给他，所以那些钱财他分毫未动。陶朱公长子不知原委，以为庄生无足轻重。

庄生向楚王进谏，说某某星宿相犯，这对楚国不利，只有广施恩德才能消灾。楚王听了庄生的建议，命人封存府库，实行大赦。陶朱公长子听说马上要大赦，弟弟一定会出狱，而给庄生的金银就浪费了，于是又去见庄生，向庄生要回了钱财，并暗自庆幸。事实上，这个时候陶朱公长子与庄生的博弈中，陶朱公长子便失去了诚信。然而，他因此葬送了弟弟的性命。

庄生觉得被一个小孩子欺骗，很是恼怒，又进宫向楚王说："我以前说过星宿相犯之事，大王准备修德回报。现在我听说富翁陶朱公的儿子在楚杀人被囚，他家里拿了很多钱财贿赂大王左右的人，所以大王并不是为体恤社稷而大赦，而是由于陶朱公儿子的缘故才大赦啊。"楚王于是下令先杀掉陶朱公的次子，然后再实行大赦。结果陶朱公的长子只好取了弟弟的尸骨回家。

长子回家后，陶朱公说："我早就知道他一定会杀死他弟弟的！他并非不爱弟弟，只是因为他年少时就与我一起谋生，手头不宽绰，所以吝惜钱财，而小儿子一出生就看见我十分富有，所以轻视钱财，挥金如土。之前我要派小儿子去办这件事，就是因为他舍得花钱啊。"

至理箴言

财富不应当是生命的目的，它只是生活的工具。 ——比才

旧鞋子

有个销售员，生活穷困潦倒，每天都埋怨自己怀才不遇，总是慨叹命运在捉弄他。

圣诞节前夕，家家户户张灯结彩，到处充满过节的热闹气氛。

他坐在公园门口的一张椅子上，开始回顾往事。去年的今天，他也是孤单一人，以醉酒度过他的圣诞节，他既没有新衣，也没有新鞋子，更甭谈新车子、新房子。"唉！今年我又要穿着这双旧鞋子度过圣诞了！"说着准备脱掉这旧鞋子。

这个时候，他突然看见一个年轻人自己滑着轮椅从他身边走过。他顿悟到："我有鞋子穿是多么幸福！他连穿鞋子的机会都没有啊！"

之后，推销员每做任何一件事都心平气和，珍惜每一次机会，发愤图强，力争上游。数年之后，他的生活终于彻底改变了，他成了一名百万富翁。

■ 至理箴言

啊，健康！健康！富人的幸福，穷人的财富！

——本·琼森

◆ 贪心的财主

古希腊一位公主的宠物——一只可爱的波斯猫走丢了，于是国王下令：谁要是能把猫给找回来奖十块金币。并叫宫廷画师画了数千幅猫的画张贴在全国各地。

送猫者络绎不绝，但都不是公主丢失的。于是公主就想：可能是捡到猫的人嫌钱少，那可是一只纯正的波斯猫。

公主把这一想法告诉国王，国王马上把奖金提高到五十块金币。一个财主在宫廷花园外面的墙角边捡到了那只猫。

财主看到了告示，第二天早上就抱着猫去领五十块金币。当他经过一家货铺时，看到墙上贴的告示已变成一百块金币。

财主又回到他的家里，把猫重新藏好，他又跑去看告示时，奖金已涨到一百五十块金币。

接下来的几天里，财主没有离开过贴告示的墙壁。

当奖金涨到使全国人民都感到惊讶时，财主返回他的屋子，准备带上猫去领奖，可猫已经饿死了。

这个财主真是贪得无厌，明明可以到手的意外之财，因为贪得无厌而白白流失了。

至理箴言

　　金钱是无底的大海，可以淹死人格、良心和真理。　　——谚语

❖ 战胜贪婪

　　四个商人和一个为他们做杂活的少年骑马穿越大沙漠，遇上了沙尘暴。五匹驮着水和食物的马不见了踪影，他们也迷失了方向。

　　天上烈日喷火，沙漠烘烤如炉。五个人由于干渴而无比痛苦，都无力地躺在沙丘下。他们嘴唇干裂，全身仿佛在一点点枯萎。从每个人口中发出的沙哑声音都是一个字："水！"

　　胖商人身上此时确有一小壶井水，五百克的重量。在穿越沙漠前他灌了一小铁壶酒，同行的商人和他开了个玩笑，偷偷倒出酒给他装上了水。完全出乎他们意料的是，现在这小壶井水不知要比一壶酒贵重多少倍。关键是五百克水如果给一个人喝下去，这个人很可能走出沙漠，脱离险境；如果五个人各喝一份，每人只能喝到一百克水，毫无疑问都将倒在沙漠里。

　　三个商人都把目光盯向了胖商人身上的那一小壶井水，他们认为能让自己喝到那小壶井水的最有效办法，就是用金钱换取。于是，瘦商人抢先提出用十枚金币买那一小壶井水。另外两个商人也马上

竞价买水。很快，买价上升到一百枚金币，最后三个商人愿倾其身上所有的金币换水。

那个做杂活的少年一声不响，绝望地闭着眼睛躺着听他们争吵着买水。只有他身上没有金币，因而那壶水一滴也不属于他。

然而，三个商人谁也没有买成那小壶井水，拥有这小壶井水的胖商人，不为人们的金币所动。他头脑十分清醒地说："谁喝下这壶井水，谁就有可能走出沙漠。卖给你们这壶水，我只能倒在这里，得到再多的金币又有什么用？你们难道看不出来，金币的价值现在等于零吗？"

三个商人目瞪口呆。

随即争夺那小壶井水的生死搏斗在四个商人中展开了。先是厮打叫骂，拳脚相加，然后很快用上了贴身的匕首、皮带。不久，搏杀平息了，四个商人都倒了下去。他们流出的黏稠的血，在烈日下干结。

四个商人都没有得到的那小壶井水，却意外地属于了干杂活的身无分文的少年。这始料不及的突变竟使少年一时茫然不知所措。更让他心惊肉跳的是，映入他眼帘的散落在地上的大把金币，那些从前一直与他无缘，对他毫无感情的金币，此时只要他肯弯下腰，就可以成为它们的新主人。少年却没有弯腰，他的手中只捧着那小壶井水，还有颗稚嫩的心在这场生死搏斗中被深深地震撼。聪明的他十分清楚，拾一枚金币就可能会拾两枚三枚以致全部，沙漠中负重行走会使人更加干渴，他虽然得到了这小壶井水，但同样还可能倒下去。因此，少年头也不回地离开了那些金币。

少年战胜了自己，而战胜自己让他最后战胜了大漠。

■ 至理箴言

如果您失去了金钱，失之甚少；如果您失去了朋友，失之甚多；如果您失去了勇气，失去一切。——歌德

◆ 叫花子皮克

皮克是地球上最快乐的叫花子。

"我为什么不快乐呢？我每天都能讨到填饱肚子的食物，有时甚至还能讨到一截香肠；我每天还有这座破庙可以挡风遮雨；我不为其他的人做工，我是自己的上帝，我为什么不快乐呢？"皮克这样回答那些羡慕他的人。

可是有一天，皮克脸上的快乐突然消失了。

那是因为，一天，皮克在回破庙的路上捡到一袋金币，准确地说是九十九块金币。

其实捡到金币的那个晚上，皮克是最最快乐的了。"我可以不当叫花子了，我有了九十九块金币！这够我吃一辈子啊！九十九块，哈！我得再数数。"皮克怕这是一个梦，皮克不敢睡觉。直到第二天太阳出来时他才相信这是真的。

第二天，皮克很晚也没有走出破庙，他要把这九十九块金币藏好，这真的需要费一番工夫。"这钱不能花，我得攒着。我要是拥有一百块金币就好了。我要拥有一百块金币。"从来没有什么理想的皮克现在开始有了理想。他还需要一块金币，这对一个叫花子来说，绝对是一个非常远大的理想。

晌午皮克才出去讨饭，不！他开始讨钱，一分一分的。中午他很饿，他只讨了一点儿剩饭。下午，他很早就"收工"了，他得用更多的时间守着他的金币。

"还差九十七分。"晚上他反复地数着他的金币，他开始忘记了饥饿。

一连几天，皮克都这样地度过。这样过日子的皮克就再也没有吃饱过，同时也再没有快乐过。

讨饭越来越难。难的原因是别人愿给剩饭而不愿给钱，还因为皮克用来讨钱的时间越来越少了，当然也因为他不快乐了，别人也不愿再施舍给他了。

"皮克，你为什么不快乐了？"

"咱是叫花子，快乐个啥！"

皮克越来越忧郁，越来越苦闷，也越来越瘦弱了。终于有一天，皮克病倒了。这一病皮克就几天也没有起来。这几天皮克就想着一件事：还差十六分就一百块金币了。

"皮克，你没有收到我的金币？！"突然，一个富商找到破庙里的生命垂危的皮克。

"什么？"皮克惊问。

"皮克，你的快乐，是你的快乐救过我。三年前，我在一次买卖中赔尽了家产。我正准备自杀，我见到了快乐的你，我明白了身无分文的人也能快乐地生活。后来，我就东山再起了，赚了很多钱。那一次，我带着九十九块金币出来游玩，见到你，就把钱丢到了你要走的路上。可是你现在为什么还做叫花子呢？为什么不快乐呢？生了病为什么不拿钱去看医生呢？"

"我想拥有一百块金币。还差十六分，就差十六分。"

富商从腰里取出一块金币给他。皮克接过钱，把钱装进袋子里，然后又全部倒出来，很细心地数——他终于有一百块金币了，对了还有八十四分。

皮克笑了，然后就昏倒了。

这时一个游僧路过这里，见到昏倒的皮克，向富商问明了情况，便说：

"这下，完了！"

"怎么了？"

"因为他有了九十九块金币的时候，就会希望有一百块金币。这就是每个人都不可避免的贪欲，贪欲赶走了他的快乐。你要救他，你得向他索回那九十九块金币，这样他或许有救。现在，你反倒满足了他的欲望，重病的他就失去了支撑下去的动力了。你开始时给他九十九块金币，你使世界上少了一个天使；你又给他一块金币，这就使世界上少了一个生命。"

富商再看皮克时，他果然已经什么时候都不会快乐了。

至理箴言

我们手里的金钱是保持自由的一种工具，我们所追求的金钱，则是使自己当奴隶的一种工具。　　　　——卢梭

财富和生命

有个守财奴一直都勤奋而且俭朴，积蓄了三十万块银元。

终于有一天，他决定要享受一年豪华快乐的生活，然后再决定下半生怎样过。

可是，就在他开始停止奔波赚钱的时候，死神来到他面前，要取回他的生命。

守财奴费尽了唇舌，请求死神改变主意。最后他说："那就多赐给我三天吧，我会把我所有财富的三分之一送给你。"

死神无动于衷，仍然继续坚持收回他的生命。守财奴又说："如果你让我在这世上多活两天，我立即给你二十万块银元。"

死神没有理会，甚至后来他愿意用自己积蓄的三十万块银元交换一天的生命，也没有得到死神的同意。

守财奴没有办法，只好说："那么请你开恩，给我一点点时间，写下一句话留给后人吧。"

这次死神应允了他的请求。守财奴用自己的鲜血写着:"人啊,记住,生命是最宝贵的,所有的财富买不到一小时的生命。"

至理箴言

任何个人财富都不能成为个人最终的生命价值。 ——培根

◆ 丢的只是两元钱

罗森在一家夜总会里吹萨克斯,收入不高,但他总是很快乐。罗森很爱车,但是凭他的收入想买车是不可能的。与朋友们在一起的时候,他总是说:"要是有一部车该多好啊!"眼中充满了无限向往。有人逗他说:"你去买彩票吧,中了奖就有车了!"

于是他买了两块钱的彩票。可能是上天优待他,罗森凭着两块钱的一张体育彩票,果真中了个大奖。

罗森终于如愿以偿,他用奖金买了一辆车,整天开着车兜风,夜总会也去得少了,人们经常看见他吹着口哨在林阴道上行驶,车也总是擦得一尘不染的。

然而有一天,罗森把车泊在楼下,半小时后下楼时,发现车被盗了。

朋友们得知消息,想到他那么爱车,几万块钱买的车眨眼工夫就没了,都担心他受不了这个打击,便相约来安慰他:"罗森,车丢了,你千万不要太悲伤啊!"

罗森大笑起来,说道:"嘿,我为什么要悲伤啊?"

朋友们疑惑地互相望着。

"如果你们谁不小心丢了两块钱,会悲伤吗?"罗森接着说。

"当然不会!"有人说。

"是啊,我丢的就是两块钱啊!"罗森笑道。

至理箴言

世上的喜剧不需要金钱就能产生，世上的悲剧大半和金钱脱不了关系。
——三毛

◆ 得失之间体会人生乐趣

从前有一位富翁，名字叫白正。白正虽然非常有钱，却常常觉得自己很可怜，他可怜自己空有钱财，却从来没有体会过真正的快乐。

有一天，白正听说在偏远的山村里有一位得道的高僧，无所不知，无所不通。

他就跑进村找到那位高僧问："人们都说你是无所不知的，请问在哪里可以买到全然的快乐秘方呢？"

"你为什么要买全然的快乐秘方呢？"高僧问道。

白正说："因为我很有钱，可是很不快乐，这一生从未经历过全然的快乐，如果有人能让我体验一次，即使只是一刹那，我愿意把我的财产送给他。"

高僧说："我这里就有全然快乐的秘方，但是价格很昂贵，你准备了多少钱，可以让我看看吗？"

白正把怀里装满钻石的锦囊拿给高僧，没有想到高僧连看也不看，一把抓住锦囊，跳起来就跑掉了。

白正只好拼命地追赶高僧，结果没追上。他绝望地跪倒在山崖边的大树下痛哭。没有想到费尽千辛万苦，花了几年的时间，不但没有买到快乐的秘方，所有的钱财又被抢走了。

白正哭到声嘶力竭的时候，突然发现被抢走的锦囊就挂在大树的枝丫上。

他取下锦囊，发现钻石都还在。一瞬间，一股难以言喻的、纯粹的、全然的快乐充满他的全身。正当他陶醉在全然的快乐中的时候，躲在大树后面的高僧走了出来，问他："你刚刚说，如果有人能让你体验一次全然的快乐，即使只是一刹那，你愿意送给他所有的财产，是真的吗？"

白正说："是真的！"

"刚刚你从树上拿回锦囊时，是不是体验到了全然的快乐呢？"高僧又问。

"是呀！我刚刚体验了全然的快乐。"

高僧说："好了，现在你可以给我所有的财产了，我将把这些财产捐献给寺庙。"高僧一边说，一边从白正手中取过锦囊。

■ 至理箴言

　　金钱和时间是人生两种最沉重的负担，最不快乐的就是那些拥有这两种东西太多，多得不知怎样使用的人。——约翰生

❖ 节俭也是一种快乐

宋朝元丰某年，苏东坡被贬官，来到黄州。

这天晚上，苏东坡坐在桌前，取出四千五百钱，分成三十份。他的妻子季章把钱装入三十只小布袋中，然后用叉子将小布袋一一挂到梁上。

苏东坡的长子苏迈，好奇地望着这一切，不解地问："爹，为什么要将钱分成三十份挂起来？"

苏东坡说："这就叫过日子，每天一份，一百五十钱，只准余，不准缺。"

苏迈点头，又等着下文。

"至于挂在梁上，那是杭州贾耘老的办法"，苏东坡接着说，"布袋一天比一天少，日子一天一天过去了，它能提醒你不要虚度光阴，要珍惜每一天。"

苏迈点点头。父子俩正说话间，有人敲门，进来的是邻居庞安常医生，庞医生和苏东坡是好朋友。因为城里几个财主合起来修南天门，托庞医生请苏东坡题字，苏东坡一口应允。两人谈得投机，到三更时分，庞安常才离去。

庞安常走后，苏东坡铺开宣纸，欣然挥毫。刚写到"南天"两字，忽然传来苏迈的惊叫声："抓贼，抓贼！"苏东坡大吃一惊，扔下笔，大步冲出书房，正好与那个盗贼撞个满怀，盗贼倒在地上，吓得浑身发抖。

这时，季章掌灯，苏迈操棒，他们将贼团团围住。那盗贼慌忙掏出小钱袋，连连求饶："老爷，小的叫阮小三，家住后村，上有老，下有小，日子过不下去，听说老爷从城里来，钱多得没处放，就挂在梁上，所以我就……"

苏东坡听了不觉笑出声来，他叫阮小三打开钱袋数数，然后说："这是我一家每天的生活费，你拿一袋，我就要挨一天饿。"

阮小三一惊："这一百五十元钱的开销跟我们老百姓差不多，老爷，都说你有钱，怎么这样节俭？"苏东坡微微一笑，回答道："口腹之欲，何穷之有，每加节俭，亦是惜福延寿之道。"

阮小三听不懂苏东坡文绉绉的话，苏迈解释道："我爹的意思是，肉体上的欲望是没有限度的，你不注意节俭才沦为盗贼。"

阮小三慌忙申辩，说自己是穷得揭不开锅才出此下策的，而且是第一次。苏东坡听他这么一说，马上让苏迈去请庞安常来作证。

不一会，庞安常来了，见是阮小三，便跟苏东坡说，他老母病瘫在床，妻子是个哑巴，还有三个孩子，日子过得很苦。苏东坡听了十分同情，念他因生活所迫，又是初犯，就放了他。阮小三千恩万谢，连连磕头，然后转身要走。

忽然，苏东坡叫住他，自己转身到书房，挥动大笔，在宣纸上点了一个形似钱袋的墨点，然后将那宣纸卷好，送给阮小三。跟他说，那梁上的钱袋只有一百五十钱，拿去也派不了用场，这个纸袋有一万钱，叫他好生保存，阮小三接过纸，半信半疑，不便多问，只得告辞回家。

在一旁的庞医生见了也觉奇怪，问苏东坡葫芦里卖的啥药，苏东坡笑而不答，他要庞安常通知那几个财主，明天一早来取他的题字。

第二天，几个财主来到苏东坡家取墨宝，他们一看题字，苍劲有力，非同一般，心中十分高兴，突然发现南天门的"门"字少了一笔，忙请教苏东坡是何缘故，苏东坡笑笑说："噢，我想起来了，这一点忘在后村阮小三家里了，你们去取吧！"

此时阮小三正在家里端详那张宣纸上的墨点，他想：这一点就值一万钱，会不会苏老爷作弄我？文人会开玩笑，也许这一点骂我一点不懂。他正想得出神，几个财主上门来了，他们向阮小三要那个墨点。阮小三想起苏东坡的话，开价一万钱，少一钱也不给，财主知道苏东坡的墨宝值钱，只好答应了。

财主走后，阮小三将一万钱分成两份：一千钱给自己，九千钱用布包好，给苏东坡送去。苏东坡不肯收，他对阮小三说："我每天一百五十钱，足矣足矣。"

阮小三不懂，他问苏东坡："老爷你浑身是宝，写一点就值一万钱，为什么日子过得如此清苦？"

苏东坡笑道："君子倡俭，一日安分以奉福，二日宽胃以养气，三日少费以养财，此乃三养也。"

阮小三当然不懂"三养"的含义，但苏东坡节俭的美德，为人敬仰。

■ **至理箴言**

　　节俭是你一生中食用不完的美筵。　　　　　　——爱默生

◆ 百万富翁

　　有一位青年，总是埋怨自己时运不济，发不了财，终日愁眉不展。

　　这一天，走过来一位须发皆白的老人，问："孩子，你为何如此闷闷不乐呢？"

　　青年看了一眼老人，叹了口气："我是一个名副其实的穷光蛋。我没有房子，没有工作，没有收入，整天饥一顿饱一顿地度日。像我这样一无所有的人，怎么能高兴得起来呢？"

　　"傻孩子，"老人笑道，"其实，你应该开怀大笑才对！"

　　"开怀大笑？为什么？"青年不解地问。

　　"因为你其实是一个百万富翁啊！"老人有点诡秘地说。

　　"百万富翁？你别拿我这穷光蛋寻开心了。"青年不高兴了，转身欲走。

　　"我怎敢拿你寻开心？孩子，现在能回答我几个问题吗？"

　　"什么问题？"青年有点好奇。

　　"假如，现在我出二十万金币，买走你的健康，你愿意吗？"

　　"不愿意。"青年摇摇头。

　　"假如，现在我出二十万金币，买走你的青春，让你从此变成一个小老头，你愿意吗？"

　　"当然不愿意！"青年干脆地回答。

　　"假如，我现在出二十万金币，买走你的容貌，让你从此变成一个丑八怪，你愿意吗？"

　　"不愿意！当然不愿意！"青年头摇得像拨浪鼓。

"假如，现在我再出二十万金币，买走你的智慧，让你从此浑浑噩噩度此一生，你愿意吗？"

"傻瓜才愿意！"青年一扭头，又想走开。

"别慌，请回答完我最后一个问题——假如现在我再出二十万金币，让你去杀人放火，让你从此失去良心，你是否愿意？"

"天哪！干这种缺德事，魔鬼才愿意！"青年愤愤地回答道。

"好了，刚才我已经开价一百万金币了，仍然买不走你身上的任何东西，你说你不是百万富翁，又是什么？"老人微笑着问。

青年愕然无言，突然间什么都明白了。

至理箴言

对于大多数人来说，他们认定自己有多幸福，就有多幸福。

——林肯

三种选择

有一个财主犯了罪，被衙役压到了县衙。县官为了显示自己的清正廉洁，提出了三种接受惩罚的方式让财主选择：第一种是罚五十两银子，第二种是抽五十皮鞭，第三种是生吃五斤大蒜。财主既怕花钱又怕挨打，就选择了第三种。

在人们的围观下，财主开始吃大蒜，当吃下第一颗大蒜时，财主心里嘀咕着："吃大蒜是最轻的惩罚了，我很快就能把它们消灭掉。"可他越往下吃越感到难受，当二斤大蒜下肚的时候，他感到自己的内脏翻腾得厉害，像被烈火炙烤着一样，他赶紧向县官磕头："大老爷，我宁愿挨五十皮鞭也不愿再吃大蒜了！"

执法的衙役剥去财主的衣服，把财主按到一条长板凳上，当着他的面把皮鞭蘸上了盐水和辣椒粉，财主看得胆战心惊，吓得浑身颤抖。当皮鞭落在财主的背上时，财主疼得嗷嗷直叫，打到第十下的时候，财主忍不住钻心的疼痛，终于向县官求饶："青天大老爷啊，别再打我了，我已经受不了了，罚我五十两银子吧。"

至理箴言

吝啬必受罚。

——契诃夫

饱食不可抛撒

从前，在县城的西门外住着一个姓赵的商人，人称赵老爷。赵老爷有钱，也很浪费。就拿吃饭来说，他家有个规矩，不管是山珍海味，还是玉液琼浆，只吃喝一顿，第二顿便不准端上桌，得弄新鲜饭菜。赵家的佣人也养成了大手大脚的习惯，吃不完的东西就往灶屋外的阴沟里一倒。

离赵家五里路远的一座山上有个小庙，庙中住着一老一小两个和尚。师徒二人下山路过赵家后院，见白生生的干饭倒在阴沟里觉得很可惜。老和尚叫小和尚从庙里拿来一个箩筐，请赵家佣人将剩饭倒在筐里，晚上再抬回寺院，用水淘洗干净煮一煮或蒸一蒸，便可充饥。

有一年夏天赵家娶媳妇，一连热闹了三天，两个和尚从赵家抬回去的剩饭就有五大箩筐。小和尚问老和尚："师父，这么多饭，我们这两天胀破肚子也吃不完哪！"

老和尚回答："不要担心，把它用凉水泡一泡，再晒干，做成阴米，吃的时候再煮一煮，这样吃三五个月也无妨。"

光阴似箭，不知道是哪一年，赵家败落得一贫如洗，连安身之地也没有了，只得讨饭过日子。一天，小和尚化缘回来，见路边倒着一个人，仔细一看是赵老爷。小和尚很念旧情，把他背回庙中。

赵老爷在庙中一住就是三天，每顿吃的是白米饭。到第四天，他觉得自己应该当面感谢两个和尚。他来到正殿，先给菩萨叩了几个头，然后向老和尚施礼，说道："师父真是菩萨心肠，多谢二位救命之恩……"老和尚还礼："施主不必讲礼，贫僧也曾受恩惠于施主。如果施主不嫌弃，在寺院住上三五载又有何妨？"赵老爷摇摇头："多谢师父好心，只是每天都用精细饭食款待赵某，如此下去，不仅寺院养不了我，我自己也无地自容。"老和尚想了想说道："请随我来。"

二人走进一间禅房，赵老爷睁大眼睛仔细一看：啊，白生生的阴米堆了半间屋。老和尚说："施主，这些都是你的。前几天你用的饭就是用这阴米煮成的。"赵老爷瞪大双眼，真是丈二和尚——摸不着头脑。老和尚把事情的来龙去脉说了，最后老和尚说："饱食不可抛撒啊！"说完，便转身走出门去。赵老爷面对这半间屋的米，后悔不已。

■至理箴言

节俭本身就是一个大财源。　　　　　——辛尼加

◆ 守财奴

第欧根尼是一个富人，但他却过着乞丐一样的生活。为什么呢？只因他是一个守财奴。

这位不幸的人，等待着来世再享用自己的财富。可怜的是，并不是他占有了金钱，而是金钱占有了他。他在地底下埋藏有一笔钱财，他的心也随之来到了地底下。因为他没有其他的娱乐，只是日

夜思念自己的财富，这笔财产因而变得神圣不可动用。无论他外出或在家，无论是在喝水还是在吃饭，人们都可以发现他无时无刻不在思念那个埋藏钱财的地方。

守财奴在那地方走了那么多次，最后有一位盗墓人看到了，并怀疑在此埋藏着一些财宝，就不声不响地把钱财偷走了。过了一天，守财奴发现藏着的钱财不翼而飞了，顿时号啕大哭起来。他痛苦得直呻吟，直哀叹，捶胸顿足，把自己都抓伤了。

有一个人路过，问他为何如此哭叫。

守财奴说："我的钱财被人偷了。"

"你的钱财？在哪里被偷的？"

"就在这块石头的旁边。"

"哎！又没有打仗，为什么要把它放得这么远？当初你如果把这些钱财藏在自己家的柜子里不是更好吗？有什么必要挪地方呢？而且你还可以随时取用。"

"随时取用？我的天啊！钱只是为了随时取用？难道钱不是用时容易来时难吗？我是从来不动用钱的。"

过路人问道："那么敬请阁下告诉我，既然你从来都不动用这笔钱，那你为什么要如此悲伤呢？你在这地方放上一块石头，对你来说不也一样吗？"

至理箴言

聚敛财富就是自寻烦恼。 ——富兰克林

❖ 吝啬的富人

有一个一辈子都很吝啬的富人。一天，他突然生病死了。

当他的灵魂在另一个世界游荡时，魔鬼捉住了他的双手，把他卷进了地狱。

"救命！放开我！我应该上天堂而不是下地狱！"他开始尖叫道。

魔鬼们讥笑他说："只有在人间做了善事的人才能上天堂。"灵魂哀叹说："可我真的做了一件好事啊。"

他们问道："什么事？"

"二十年前我给过一个穷人一卢布。查查你们的账本，就知道了。我发誓我真的给过！"

魔鬼们不知该怎么办，就派了一个使者去问上帝。

"把那块卢布还给那个家伙，然后直接送他下地狱！"上帝生气地命令说。

至理箴言

金钱往往成为真正情义的障碍物。　　　　　——邹韬奋

一枚硬币

有两个年轻人一同去寻找工作，其中一个是英国人，另一个是犹太人。

他们怀着成功的愿望，寻找适合自己发展的机会。

有一天，当他们走在街上时，同时看到地上有一枚硬币。英国青年看也不看就走了过去，犹太青年却激动地将它捡了起来。

英国青年对犹太青年的举动露出鄙夷之色：一枚硬币也捡，真没出息！

犹太青年望着远去的英国青年心中不免有些感慨：让钱白白地从身边溜走，真没出息！

后来，两个人同时进了一家公司。公司很小，工作很累，工资也低，英国青年不屑一顾地走了，而犹太青年却高兴地留了下来。

两年后，两人又在街上相遇，犹太青年已成了老板，而英国青年还在寻找工作。

英国青年对此不可理解，说："你这么没出息的人怎么能这么快地发了财呢？"犹太青年说："因为我不会像你那样绅士般地从一枚硬币上边走过去，我会珍惜每一分钱。而你连一枚硬币都不要，怎么会发财呢？"

至理箴言

省下一分钱等于得到一分钱。　　　　　　　　——富勒

"抠门"的施莱克尔

发财靠什么？正确的答案照理说应该是：开拓。而安东·施莱克尔的答案却是："抠门"。

以施莱克尔的名字命名的连锁杂货超市，在德国到处都有，而且越来越多。但是，这些超市却不是门庭若市，反倒经常是门可罗雀。这种店的店主也能发财吗？事实还真的就是这样：2003年年初，施莱克尔所拥有的资产高达十三亿欧元，是一位名副其实的亿万富翁。

施莱克尔出生在德国斯田加特以南、以"人人俭省"著称的施瓦本地区。1965年，年仅二十一岁的施莱克尔接管了他父亲的肉品店。同年，他在艾宾根城的边上开了他的第一家自选商场。

1975年，施莱克尔迈出了他商业道路上的关键一步。那时正值杂货价格下跌的时期，他创办了一家销售洗涤剂、刷子和香水等日

用商品的新式商场。两年后，他已经拥有一百多家这样的商店。施莱克尔的扩张战略很简单也很特别，但很有效。哪个城市中不那么繁荣的街区如果有一家小店关门倒闭，施莱克尔便会派人到那里。经过一番讨价还价之后，施莱克尔以超低的价格租下店面。他并不要求小店能有高销售额，而只求以最低的成本来经营。

施莱克尔的这种超低成本经营法，有时竟到了让人哭笑不得的地步。例如，为了节省开支，有些分店很长时间里只用一名雇员。又如，在相当长的一段时间里，许多分店不安装电话。因为施莱克尔认为，电话放在那里只能被雇员们用来打私人电话。

你说他特别也好，吝啬也罢，但他的确成功了。施莱克尔超市如今在德国已拥有八千多家分店，三万五千余名员工，年营业额高达三十五亿欧元，是欧洲最大的二十五家商业集团之一。

■ 至理箴言

世界上有许多成功的人，并不一定是因为他比你会做，而仅仅因为他比你敢做。
——培根

◆ 简单朴素的名人生活

爱因斯坦是世界著名的科学家，可他对大多数人所急切追求的名誉、财富，都看得非常轻。

据说有一次，某艘船的船长为了优待爱因斯坦，特地让出全船最精美的房间给他，谁想到竟被他严词拒绝了。他不愿意接受这种特别优待，反而情愿睡在最下等的舱里。

爱因斯坦的日常生活非常简单，他平常总是穿着一套不整齐的旧衣服，不常戴帽子，在浴室里常吹着口哨或哼着歌。他虽然打算

解决繁复的"宇宙之谜",但他认为不能将人生弄得过分地复杂,所以,他在洗澡后刮胡子时,不用刮面肥皂而用洗澡肥皂。他认为用两种肥皂真是浪费。

在对待物质生活上,爱因斯坦说:"我强烈地向往俭朴的生活,并且时常为发觉自己占用了同胞过多劳动而难以忍受。"

一次,德国一家杂志的编辑找到爱因斯坦,要重新发表他的一篇重要讲话,要付他一千马克稿费,他摇头拒绝。那位编辑多少知道点爱因斯坦的脾气,便改口说:"您重新发表这个讲稿是对科学尽了义务啊。"爱因斯坦一听"义务"二字,二话不说,频频点头。但是提出了一个"苛刻"的条件:"稿费必须减少到六百马克,才同意发表。"他还拒绝了电台每分钟一千美元的电台演说的聘请,却同意将1905年发表的三十页《论动体的电动力学》论文重抄一遍拍卖,将所得的二百多万美元全部捐献,支援反法西斯战争。

第二次世界大战爆发后,爱因斯坦寄寓在柏林的两间小房子里,过着简单朴素的生活。这里没有接待过任何客人,除了他的助手和秘书之外,爱因斯坦很少让别人来这里。他过着完全隐居的独立生活。

他什么佣人也没有,他自己给自己做饭,自己给自己的生日燃放了一挂长长的鞭炮,自己给自己唱生日祝福歌,他是多么的快活,也全然不管这一天全世界的报纸都在发表有关他的文章,也全然不管这一天全世界有多少人在向他表示崇高的敬意!

爱因斯坦的声望并没有使他的本质的人性发生扭曲或异化。他一直都在逃避这种声誉所能带来的一切荣华和危险。这种声誉,一直是他所厌恶着的。

临终前,他再三嘱咐:切不可把他的住房变成人们"朝圣"的纪念馆,他在研究院的办公室一定要让别人使用。

至理箴言

生活中最没有用的东西是财产,最有用的东西是才智。

——莱辛

致富之道

有个工匠手艺很好，做出来的东西不但精巧，而且耐用，所以生意很好，赚的钱也不少。可是工匠好吃、好穿、好玩，因而钱虽然赚得不少，却老是不够用。

工匠有个邻居，是个大富翁。他听人说这个富翁原来很穷，后来不知怎么的，钱就渐渐多了起来。工匠便想去请教富翁，问他应该如何才能有钱？

到了富翁家，他先说明来意。富翁听了，微微一笑说："说来话长，却也很简单，你且等一等，让我先把灯熄了，再好好对你说。"说着，顺手就把灯关了，工匠原也是个聪明人，一看这个情形，马上便明白了，立刻高高兴兴地站起来，说："先生，谢谢你，我已经都明白了，原来致富之道就在于'勤俭'二字，是不是？"

至理箴言

天下之事，常成于勤俭而败于奢靡。　　　——陆游

全然满足的人

有一个老人在自家门口的一块空地，竖起一块牌子，上面写着："此地将送给一无所缺，全然满足的人。"

一名富有的商人，骑马经过此地看到这个告示牌，心想："此人既要放弃这块土地，我最好捷足先登把它要下来。我是个富有的人，

拥有一切，完全符合他的条件。"

于是，他叩门说明来意。"你真的全然满足了吗？"老人问他，"那当然，我拥有我所需要的一切。"

"果真如此，那您还要这块土地做什么？"

■ 至理箴言

人之幸福，全在于心之幸福。　　　　　　　　——歌德

❖ 幸福不是拥有100万

一对青年男女步入了婚姻的殿堂，甜蜜的爱情高潮过去之后，他们开始面对日益艰难的生计。妻子整天为缺少财富而忧郁，她希望他们能拥有很多很多的钱，一万，十万，最好有一百万。可是他们的钱太少了，少得只够维持最基本的日常开支。她的丈夫却是个乐观的人，他不断寻找机会开导他的妻子。

有一天，他们去医院看望一个朋友。朋友说，他的病是累出来的，常常为了挣钱不吃饭不睡觉。回到家里，丈夫就问妻子："假如给你钱，但同时让你跟他一样躺在医院里，你要不要？"妻子想了想，说："不要。"

过了几天，他们去郊外散步。他们经过的路边有一幢漂亮的别墅，从别墅里走出来一对白发苍苍的老者。丈夫又问妻子："假如现在就让你住上这样的别墅，同时变得跟他们一样老，你愿意不愿意？"妻子不假思索地回答："我才不愿意呢。"

他们所在的城市破获了一起重大团伙抢劫案，这个团伙的主犯抢劫现钞超过一百万，被法院判处死刑。罪犯押赴刑场的一天，丈夫对妻子说："假如给你一百万，让你马上去死，你干不干？"妻子

生气了："你胡说什么呀？给我一座金山我也不干！"

丈夫笑了："这就对了。你看，我们原来是这么富有：我们拥有生命，拥有青春和健康，这些财富已经超过了一百万，我们还有靠劳动创造财富的双手，你还愁什么呢？"

妻子把丈夫的话细细地咀嚼了一番，终于变得快乐起来。

■ 至理箴言

　　幸福的最大障碍就是期待过多的幸福。　　——丰特奈尔

❖ 生存就是福

　　一位银行家和一位卖烧饼的小贩，同时被一场洪水困在了一个野外的山冈上。两天后，银行家身上带的食物都吃光了，只剩下了一口袋钱币；而烧饼贩子则还有一口袋烧饼。

　　银行家提出一个建议，要用一个钱币买烧饼贩子一个烧饼。若是在平时，这是再便宜不过的事了，此时烧饼贩子认为发财的机会到了，就提出要用一口袋烧饼换一口袋钱币。银行家同意了。

　　一天又一天，洪水还是没有退下去，银行家吃着从烧饼贩子手里买来的烧饼，而烧饼贩子则饿得饥肠辘辘，最后实在忍不住了，他就提出来要用这口袋钱币买回他曾经卖出的而如今数量已不多的烧饼，银行家没有完全答应他的条件，只允诺他用五个钱币换一个烧饼。

　　洪水退去后，烧饼全部吃光了，而那一袋钱币又回到了银行家的手中。

■ 至理箴言

　　聪明人肯舍弃金钱，以保全性命。　　——伊索

◆ 水手与金钱

远洋轮船失事，一名水手在救生筏上漂了若干天，来到一个景色美丽的国家。水手饥渴难耐，冲进了一家餐馆。饱餐一顿后，他对结账的服务生说："对不起，我没有现金。要不，拿我脖子上的金项链抵账吧。""呵呵，先生一定是刚来我们国家。"服务生笑着解释，"根据规定，客人用餐无须付账。非但免费，我们还要付给客人与用餐等额的现金。"水手愕然，以为自己听错了，直到服务生把钱递到面前，才不得不相信。

水手揣着钱，首先想到的是把身上的脏衣服换了。他走进一家服装店，挑了一套相对便宜的衣服，刚要付款，没想到营业员却说："先生，在我们国家，任何消费都不必付钱，而且还可以获得与消费额等量的现金。"水手觉得这真是一个奇异的国度，于是开始了疯狂购物，最名贵的时装、大堆的首饰、镶钻石的手表……当然，他还得到了与这些物品等值的一大摞钱。水手扛着大包小包走在街上，人们都用好奇的眼光打量他，他也感到不解：既然买东西还可以得到钱，街上的人怎么都空着双手？

终于，东西多得拿不动了，他发现了问题：买来的东西多少还有使用价值，就是这大堆的钱，非但无用，还是个累赘。在路过一个垃圾筒的时候，水手毫不犹豫地把所有的钱都扔进了垃圾筒。就在这时，一个警察走了过来，十分有礼貌地说："先生，对扔掉现金的人要处以与之等额的罚款。"水手起先吓得不轻，不过很快就转过弯来了："好呀，"他指着垃圾筒里的钱，"这些钱算是我缴的罚款。""不！"警察从警车里拖出一大箱钱，说："法律规定，所有罚款都由国家支付。请你把这些钱都带走，否则要加重处罚。"

水手看着大堆的钱，想这样下去非得给钱压趴下不可，这地方显然是不能呆了，他问正准备离去的警察："请问，到机场怎么走，我想回自己的国家。""不行！"警察十分明确地告诉他，"法律规定，任何人一旦进入我们国家就不得离开，违反者将处以巨额罚款，当然也是由国家支付现金给犯法者。"

看来自己是走上了一条不归之路，水手无奈地问警察："这些钱我实在背不动了，我该怎么办？"警察说："你可以找一份工作。凡是参加工作的人，非但没有报酬，还可以根据贡献，由国家回收个人持有的若干现金，如果你既要高消费，又要摆脱随之而来的金钱的负担，唯一的办法就是努力工作。"

水手不再满大街游荡搂钱，他找了一份码头上的工作，经过一段时间的苦干，很快摆脱了金钱的不能承受之重。当他收支平衡后，才知道，即使可以各取所需，在这个国家也不能不劳而获，只不过是先得到，后付出罢了。同时他还明白，金钱多到一定的程度就会成为累赘，还有就是，工作者是美丽的。

至理箴言

也许人就是这样，有了东西不知道欣赏，没有的东西又一味追求。

——海伦·凯勒

第三辑

你想成为幸福的人吗？但愿你首先学会吃得起苦。

——屠格涅夫

❖ 充分利用每一分钟

乔·甘道夫博士是全美十大杰出的业务员。他是历史上第一位一年内销售超过十亿美元保费的寿险大师。

乔·甘道夫博士出生在美国肯塔基州，并在那儿长大。他的父亲是外国移民，在移居美国后不久，便与意大利西西里家庭中的一位姑娘结婚了。

甘道夫常常自豪地说："我的父亲是一位勤劳、能干的人，他常告诉我，在美国，你可以随心所欲地干你愿意干的事，但对你来说，从商是最好不过的事情。"

甘道夫十二岁时，母亲因患癌症去世。在他读中学的时候，父亲也魂归天国。失去父母后，甘道夫陷入难以忍受的痛苦之中。之后，他进入军事研究院。1959年，他成了一名数学老师。他利用业余的时间做些辅导员的工作，当时他的月收入仅为二百三十八美元。

1960年，甘道夫进入保险公司，他的推销生涯从此开始。

甘道夫每天五点起床，六点钟做完弥撒，就开始一天的工作，直到深夜十点。如果当天工作进展不好，就省掉一顿饭。由于他的努力，他第一个星期的业绩就达到了九万二千美元。

甘道夫恨不得把吃饭睡觉的时间都用来工作，他说："我觉得人们在吃睡方面花费的时间太多了，我最大的愿望就是不吃饭，不睡觉。对我来说，一顿饭若超过二十分钟，就是浪费。"

1976年，甘道夫的销售额高达十亿美元，成为百万圆桌会议会员。甘道夫一年的销售额大大超过了绝大多数保险公司的年销售额。

甘道夫谈到自己的成功时，说："我成功的秘密相当简单，为了达到目的，我可以比别人努力一倍，艰苦一倍，而多数人不愿意这样做。"

他的时间相当宝贵，他认为时间远大于金钱，越能充分珍惜时间的人，越能取得非凡的成就。

甘道夫是个早起的人，他会在五点钟起床，而通常一般的推销员会在七点钟起床，这样一天下来，他比其他人多了两个小时。

正如富兰克林所说的："时间是生命组成的原料。"甘道夫知道要在竞争中取胜，就要比别人付出多一些，所以他每天晚上都额外多工作两个小时。

如此一算，甘道夫一周就多工作了三个工作日（每天八小时计算），一年按五十周计算，就多了一百五十天！

■ **至理箴言**

在今天和明天之间，有一段很长的时间；趁你还有精神的时候，学习迅速办事。
——歌德

◆ 乞丐的尊严

有个人很穷，自己又没有一技之长。因为没有谋生的手段，他每天只有靠在城里乞讨度日，生活十分困窘。刚好在此时，有个马医因为活计太多，忙不过来，需要找一个帮手。这个乞丐便主动找上门去，请求在马厩里给马医打打杂工，以此换取一日三餐。

这样一来，他就再也不用沿街乞讨了，晚上也不必漂泊流浪。安定的生活使他的日子变得充实起来，他干活也格外卖力，并决心成为一名马医。可是，有人却取笑他说："马医本来就是一个被人瞧不起的职业，而你不过是为了混饭吃，就去给马医打杂，这不是你莫大的耻辱吗？"

这个昔日的乞丐平静地回答说："依我看，天下最大的耻辱莫过于寄生虫，靠乞讨度日。过去，我为了活命，连讨饭都不感到羞耻；如今能帮忙马医干活，用自己的劳动养活自己，同时还能学到东西，这又怎么能说是耻辱呢？"

至理箴言

　　懒惰像生锈一样，比操劳更消耗身体；经常用的钥匙是亮闪闪的。

——富兰克林

淘金梦

自从传言有人在萨文河畔散步时无意发现金子后，那里便常有来自四面八方的淘金者。一些人找到了，一些人一无所得，只好扫兴归去。

彼得也在河床附近买了一块没人要的土地，一个人默默地工作。他埋头苦干了几个月，翻遍了整块土地，但连一丁点儿金子都没看见，于是他准备离开那儿到别处去谋生。

就在他即将离去的前一个晚上，天下起了倾盆大雨，而且一下就是三天三夜。雨停后，彼得走出小木屋，发现在他挖过的土地上长出了一层绿茸茸的小草。

"这里没找到金子，"彼得若有所悟地说，"但这里的土地很肥沃，我可以在这儿种花，然后拿到镇上去卖给那些富人。他们一定会买些花装扮他们华丽的客厅。那么，有朝一日我也会成为富人……"

于是，他留下来了。彼得花了不少精力培育花苗，不久地里长满了美丽娇艳的各色鲜花。

五年后，彼得终于实现了他的梦想——成了一个富翁。

"我是唯一的一个找到真金的人！"他时常不无骄傲地告诉别人，"别人在这儿找到黄金之后便远远地离开了，而我的'金子'是在这块土地里，只有诚实的人用勤劳才能采集到。"

■ 至理箴言

勤劳一日，可得一夜安眠，勤劳一生，可得幸福长眠。

——达·芬奇

❖ 年轻时就开始积累财富

当他还是孩子的时候，他就常听父母在饭桌上谈论通货膨胀、石油危机一类的话题，这使他从小就对商场产生了兴趣。

在他十二岁那年，他进行了人生的第一次生意冒险——为了省钱，他不想再从拍卖会上买邮票，而是通过说服邻居把邮票委托给他，然后在专业刊物上刊登卖邮票的广告。出乎意料地，他赚到了二百美元。这让他第一次感受到"直接接触"的力量及收获，也就是从商没有中间人的好处。在尝到直接销售的甜头后，他在以后的创业尝试中，把这一模式发挥得淋漓尽致。

他从十六岁开始就从事卖报纸的业余工作。那年夏天，他负责为《休斯敦邮报》争取客户。报社交给他一个厚厚的电话号码本，让他打电话去向顾客推销。但他不久就在推销中发现，有两种人几乎一定会愿意订阅报纸：一种是刚结婚的，另一种则是刚搬进新房子的。

接着，他调查后发现，情侣在结婚时一定会在法院登记地址，另外有些公司会按照住房贷款额度整理出贷款申请者的名单。于是，他想办法找到了周围地区这两种人的资料，然后给他们寄信，提供订阅报纸的资料。通过这种方式，他当年就挣到了一万八千美元，这不但使他有能力购买更多的计算机，也启发他日后创造了"比顾客更了解顾客"的市场细分战略。卖报纸的收益所产生的直接效果是使他拥有了苹果电脑，他迅速将兴趣转向电脑销售中的商机。

当十八岁的他开着自己卖报纸赚钱购买的乳白色宝马汽车，后备箱里塞着他的三台个人电脑，威风地驶进得克萨斯大学奥斯汀分校校门的时候，他成了全校公认的"另类青年"。

大学生活才开始，他就注意到了商业用途更多的IBM个人电脑。他马上热切地学习一切有关IBM电脑的知识，利用卖报纸所赚到的钱来购买电脑零部件，将电脑改装后卖掉，获取利益，接着再改装另一台。这期间，他发现电脑的售价和利润空间很没有常规。一台售价三千美元的IBM个人电脑，零部件可能只要六七百美元就能买到。而且，大部分经营电脑店的人不太懂电脑，并不能为顾客提供技术支持。而他当时已经买进了一模一样的电脑零件，并把电脑升级后卖给认识的人。

于是，他有了一个想法：只要自己的销售量再多一些，就能够跟那些店去竞争，因为没有中间商，所以自己改装的电脑不但有价格上的优势，还有品质和服务上的优势，即能够根据顾客的直接要求提供不同功能的电脑。

1984年，一直和宿舍伙伴一起做着小生意，并且每个月有五万美元进账的他，再也无法忍受医科教程的折磨，斗胆向父母提出退学，开办自己的公司，但是遭到了斥责。其实，望子成龙的心，每个父母都会有，这也无可厚非。为了打破僵局，他提出了一个折中的方案，如果那个夏天的销售额令人不满意的话，他就继续读他的医学。家庭议会上，这一提案通过了，因为父母认为他根本就无法取得这场斗争的胜利。

但他用成功的表现说服了他的父母，仅在第一个月他就卖出了价值十八万美元的改装 PC 电脑。从此，他再也不用回学校了。

他就是迈克尔·戴尔。十八岁从大学一年级退学，三十八岁时已经有一百七十亿美元的身价，拥有四万名员工，他的公司销售额也已经超过了四十亿美元。

至理箴言

只有愚者才等待机会，而智者则造就机会。　　——培根

勤劳致富

兄弟俩长大了。干了一辈子农活的父亲说："我们这儿人多地少，土里刨食不容易，将来媳妇都难找，你们还是出去闯闯吧！"怀揣父亲给的一千元钱，兄弟俩出发了。他们在村头相约：看谁先挣到一万元。

春节回家，弟弟喜滋滋地拿出一张存折：不到一年，他挣了一万多元。

哥哥也有一张存折，但余额不足三千元。原来，弟弟东奔西跑，与人贩兔毛，找准了市场；而哥哥在帮人打工学习养殖技术。再次

出发时，弟弟豪情满怀地说："一年后，看谁先挣到五万元！"

一年后，弟弟又胜利了。哥哥的存折不足五千元，而弟弟的数字是哥哥的七倍。父亲还是公正的，他说："不管你们挣多少，在我看来，都有很大长进，我也就放心了。"

三年后，哥哥回乡自己搞养殖场。在这块地方，他的行为领潮流之先。而弟弟在市场上奔波数年，已练就一身小贩的本事。

又过了三年，哥哥的养殖事业稳步发展，在当地颇有影响，他不仅靠售卖产品赚钱，还通过培训、指导别人发展养殖而获利。但这三年里，弟弟在市场上多次受挫，时赚时赔，他的目标不断在变换，进展不大。

当哥哥成为百万富翁并在城里开公司时，弟弟终于厌倦了东奔西跑。哥哥邀请他到自己手下干销售经理，弟弟一口答应。

一次与父亲共进晚餐时，他们谈起这些年的经历。父亲说："看来，种田靠天，做买卖，要靠运气啊！"

哥哥摇摇头说："其实，更重要的是心态。我一直依靠积累，而弟弟总寻求暴富。"

至理箴言

成功＝艰苦劳动＋正确方法＋少说空话。　　——爱因斯坦

善于使用别人的钱

一个初涉商道、手头资金不足的人，怎样才能借别人的钱，赚更多的钱呢？这是一个非常实际的问题。

丹尼尔·洛维格，1897年生于美国密歇根州的小镇南海漫，洛维格的父亲是个房地产经纪人。洛维格十岁时，父亲和母亲因为个

性不合离婚了。这样，洛维格跟随父亲离开家乡，来到了得克萨斯州的小城——阿瑟港，一个以航运业为主的城市。洛维格对船情有独钟，几乎到了着迷的程度，最终他高中没念完就去码头工作了。他先给一些船主做帮工，拆装、修理轮船引擎。洛维格对这一行有出奇的天赋，简直称得上是无师自通。

由于他手艺出众，揽的活越来越多，忙都忙不过来。于是他干脆辞职，独自开了个修理行。

就在洛维格即将三十岁的时候，灵感开始迸发了。童年的一个小小的赚钱经历出现在他的脑海里。

在他九岁时，偶然获悉邻居有艘柴油机帆船沉在了水底，船主想放弃它。洛维格向父亲借了五十美元，用其中一部分钱雇人把船打捞上来，又用一部分钱从船主手里买下了它，然后用剩下的钱请人把那条几乎报废的帆船修理好，再转手卖了出去。这样他净赚了五十美元。他知道如果没有父亲的五十美元，他是难以做成这笔交易的。洛维格发现，对于一贫如洗的人，要想拥有资本就得借贷，用别人的钱开创自己的事业，为自己赚更多的钱。

洛维格能选择的唯一办法，就是向银行申请个人贷款。在相当长的日子里，纽约的很多家银行里都能见到他忙碌的身影。他得说服银行家们贷给他一笔款子，并且使他们相信他有偿还贷款本金及利息的能力。可是银行对他的请求一一给予了拒绝。理由很简单，他几乎一无所有，贷款给他这样的人风险很大。希望像肥皂泡般破灭了。就在绝望之际，洛维格突然计上心来。他有一条尚能航行的老油轮，他把它重新修理改装，并精心"打扮"了一番，以低廉的价格包租给一家大石油公司。然后，他带着租约合同去找纽约大通银行，说他有一艘被大石油公司包租的油轮，如果银行肯贷款给他，他可以让石油公司把每月的租金直接转给银行，以分期抵付银行贷款的本金和利息。

经过研究，大通银行的经理们答应了洛维格的要求。当时大多数银行家都认为此举简直不可思议，把款贷给洛维格这样一个两手空空的人，等于是把钱白白扔进大海里。但大通银行的经理们自有他们的道理：尽管洛维格本身没有资产信用，但是那家石油公司却有足够的信誉和良好的经济效益。除非发生天灾人祸等不可抗拒的因素，只要那条油轮还能行驶，只要那家石油公司不破产倒闭，这笔租金肯定会一分不差地入账的。洛维格的思维巧妙之处在于他利用石油公司的信誉为自己的贷款提供了担保。

他拿到了大通银行的第一笔贷款，马上买下了一艘货轮，再动手加以改装，使之成为一条装载量较大的油轮。他采取同样的方式，把油轮包租给石油公司，获取租金，然后又以租金为抵押，重新向银行贷款，然后又去买船，如此循环往复，像滚雪球似的，一艘又一艘油轮被他买下，然后租出去。等到贷款还清，整艘油轮就属于他了。随着一笔笔贷款逐渐还清，油轮的租金不再用来抵付给银行，而转入了他的私人账户。

洛维格拥有的船只越来越多，租金也滚滚而来，洛维格不断积聚着资本，生意越做越大。不仅是大通银行，许多别的银行也开始支持他，不断地贷给他数目不小的款项。

洛维格没有就此满足，他有了一个新的设想：自己建造油轮出租。

在常人看来，这是极为冒险的举措。投入了大笔的资金，设计建造好了油轮，万一没有人来租，怎么办？凭着对船特殊的爱好和对各种船舶设计的精通，洛维格非常清楚什么样的人需要什么类型的船，什么样的船能给运输商带来最好的经济效益。他开始为一些顾客"量体裁衣"地设计一些油轮和货船，然后拿着设计好的图纸，找到顾客，一旦顾客满意，立即就签订协议。船造好后，由这位顾客承租。

洛维格拿着这些协议，再向银行申请高额贷款。此时他在银行家心目中的地位已与过去不可同日而语。以他的信誉，加上承租人的信誉，洛维格向银行提出给予他很少人才能享受的"延期偿还贷款"待遇，也就是说，在船造好之前，银行暂时不收回本息，等船下水正式营运后，再开始归还银行贷款本息。这样一来，洛维格可以先用银行的钱造船，然后租出，以后就是承租商和银行的事，只要承租商还清了银行的贷款本息，他就可以坐收源源不断的租金，自然而然地成为船的主人了。整个过程他不用投资一文钱。

洛维格的这种"空手套白狼"的赚钱方式，乍看起来有些荒诞不经，其实每一步骤都很合理，没有任何让人难以接受的地方。

如果说洛维格的初步成功是靠了他的天才思维，那么后来他的事业跨上巅峰，多少还是靠了一定的机遇。

二战爆发时，也就是洛维格四十岁的时候，他已经有了规模不小的船厂和码头。随着太平洋战争的开始和加剧，美国政府大量需求船只。洛维格和政府机构很快打上了交道，政府向他订购了大量的船只。洛维格的资本急剧地膨胀起来。

战后，美国经济开始走向繁荣。可是洛维格却逐步陷入了困境。因为政府大大地提高了对造船业的税率，各种各样的税像山一般沉重地压得这一行业的人喘不过气来。同时，工人工资提高，原材料价格上涨，形势逼人。就在此时，洛维格以他的远见，决定走出美国，向国外输出资本。

当时，日本政府积极恢复经济，正急需引进外资，以求发展。野心勃勃的洛维格把目光投向了那里。日本战前的海军重港，从前专门生产其主力舰、航空母舰的地方——吴港，因为战争的缘故，被美军夷为平地。工人们纷纷被遣散，造船厂也关门大吉了。当时日本人一心想重建它，但又不敢惊动美国政府，怕美国把吴港作为美军的军事造船基地。精明的洛维格猜透了日本政府的顾虑，便以私人的身份来到这里，向有关部门进行游说。他很快赢得了吴港地方官员的信任，这些官员跟他签订了造船协议，并向他提供了廉价的劳工和平价的钢铁。洛维格租下了码头，不仅租金低廉，日本政府还给予他免税免赋待遇。

吴港的发展给洛维格的产业注入了新的活力。他所造的船吨位越来越大，船队也越来越庞大。在世界各地的海域里，都有了洛维格的船只。

借钱生财，从小到大，从弱到强，洛维格可谓深悟经商之道。

■ 至理箴言

　　智慧最后的结论是：生活也好，自由也好，都要天天去赢取，这才有资格去享有它。　　　　　　　　　　——歌德

◆ 你和你的父亲不一样

父亲去世了，约翰是家里的长子，所以，他必须承担起照顾全家的责任。那年他十六岁。

约翰到镇里最有钱的法官多恩那儿去要一美元，那是法官买约翰父亲的玉米时欠的钱。法官多恩把钱给了他。然后，法官说，约翰的父亲曾向他借了四十美元。"你打算什么时候还给我你父亲欠我的钱？"法官问约翰。"我希望你不要像你的父亲那样，"法官说，"他是个懒汉，从不卖力气干活。"

那一年的夏天，约翰每天都到别人的田里干活——除了每天晚上和星期天全天在自己家的地里干活。到了夏天结束的时候，约翰积攒了五美元交给法官。

冬季天气太冷，不能耕种，约翰的朋友塞夫给他提供了一个在冬季挣钱的机会。塞夫告诉约翰，靠狩猎获取兽皮能够挣到很多钱。但是他说，约翰需要七十五美元买一杆枪和捕猎用的绳、网，以及在树林里过冬的食物。约翰去见法官多恩，说明了他的打算，法官

同意借给他所需要的那笔钱。

约翰吻别了母亲，和塞夫一起离开了家。他的背上背着一大袋食物、一杆新枪和捕猎用具，这些都是用法官的钱买来的。他和塞夫步行了几个小时，来到林子深处的一间小木屋前。这所小房子是塞夫几年前搭建的。这年冬天，约翰学到了很多东西。他学会了如何追捕野兽和怎样在树林里生存。大森林考验了他的毅力，使他变得勇敢，也使他的体格更加健壮。约翰捕到了很多猎物。到三月初，他得到的兽皮堆起来几乎和他的个子一样高。塞夫说，约翰用这些兽皮至少可以挣两百美元。

约翰打算回家，但是塞夫想继续打猎直到四月份。因此，约翰决定自己一个人回家。塞夫帮约翰捆扎好兽皮和捕猎用的东西，让他能够背在背上。然后，塞夫说："现在请注意听我说，当你过河时，不要从冰上走，河上的冰现在很薄。找一处冰已融化的地方，再把一些圆木捆在一起，你可以浮在上面过河。这样做会多花几个小时的时间，但是这样更安全。""好的，我会这样做的。"约翰急切地说。他想立刻就走。

这一天，当约翰快步走在树林中时，他开始考虑起他的将来。他要去读书，他要给家里买一块大一些的农田。也许有朝一日，他也会像镇里的法官一样有权势，并受人尊敬。背上沉甸甸的东西使他考虑起到家后要做的事情：他要给他母亲买一身新衣服，给弟弟妹妹们买些玩具，他还要去见法官。约翰恨不得马上就把父亲欠法官的钱全部还清。

到了下午晚些时候，约翰的腿疼了起来，背上的东西也更加沉重。当他终于到达河边时，他高兴极了，因为这意味着他就要到家了。约翰记得塞夫的忠告，但是，他太累了，顾不上去寻找一块冰已化了的地方。他看到河边长着一棵笔直的大树，它的高度足以到达河的对岸。约翰取出斧头砍倒大树。树倒下来，在河面上形成一座独木桥。约翰用脚踢了踢树，树没有动。他决定不按塞夫说的去做。如果他从这棵树上过河，那么用不了一个小时他就到家了，当天晚上他就能见到法官。

约翰身背兽皮、怀抱猎枪，跨到树上。树在他脚下稳如磐石。然而，就在他快要走到河中央时，树干突然动了起来，约翰从树上掉到冰上。冰面破裂，约翰沉到水里，他甚至没来得及叫喊一声。约翰的枪掉了，那些兽皮和捕猎用的工具也从他的背上滑了下来。他没法抓住它们，湍急的河水把东西冲走了。约翰破冰而行，挣扎到河岸。他失去了一切。他在雪地上躺了一会儿。然后，爬了起来，找来一根长树枝，沿着河边来回走着。一连几个小时，他戳着冰块，寻找那些东西。可是，他一无所获。

他径直来到法官家。天已很晚了，约翰敲门进去，他浑身冰冷，衣服潮湿。他向法官讲述了所发生的事情。法官一言未发，直到他把话讲完。然后，法官多恩说："人人都要学会一些本领，你却是这样来学习的，虽然这对你和我都很不幸。回家去吧，孩子。"

到了夏天，约翰拼命干活。他为家人种植了玉米和土豆，他还到别人的田里干活。他又攒够了五美元付给法官。但是他还欠法官三十美元——那是他父亲欠的债，还有用来买捕猎工具和枪的七十五美元。加起来超过一百美元。约翰觉得他一辈子也还不清这笔钱。

十月份的时候，法官派人叫来约翰。"约翰，"他说，"你欠了我很多钱，我想我能够要回这些钱的最好方法，就是今年冬天再给你一次狩猎的机会。如果我再借给你七十五美元，你愿意再去打猎吗？"约翰羞愧难当，好半天才开口说："愿意。"

这一次，他必须独自一人进森林，因为塞夫已经搬到别的地方去了。

不过，约翰记得印第安朋友教给他的所有本领。在那个漫长而孤独的冬天，约翰住在塞夫盖的小木屋里，每天出去打猎。这一次他一直呆到四月底。这时候，他得到的兽皮太多了，因而他不得不丢掉他的捕猎工具。当他到达河边时，河上的冰已融化。他扎了一个木筏过河，尽管这要多花去一天的时间，他还是那样做了。到家后，法官帮他把兽皮卖了三百美元。约翰付给法官一百五十美元，那是他借来买打猎用具的钱。然后他又慢慢地、把他父亲借的那部分钱一张一张地交到法官的手里。

又到了夏天，约翰除了在自己家的田里干活，还去学校读书。这以后的十年里，他每年冬天都到森林里去打猎，把卖兽皮挣来的钱全部攒了下来。最后他用这些钱买了一个大农场。

约翰三十岁的时候，成了本镇的头面人物之一。那一年法官去世了，他把他的那所大房子和大部分财产留给了约翰，他还给约翰留下了一封信。约翰打开信，看了看写信的日期。这封信是法官在约翰第一次外出打猎向他借钱那天写下的。

"亲爱的约翰，"法官写道，"我从未借给你父亲一分钱，因为我从未相信过他。但是我第一次见到你时，我就喜欢上了你。我想确定你和你的父亲不一样，所以我考验了你。这就是我说你父亲欠我四十美元的原因。祝你好运，约翰！"

信封里还装有四十美元。

至理箴言

你想成为幸福的人吗？但愿你首先学会吃得起苦。

——屠格涅夫

◆ 提水的年轻人

柏波罗和布鲁诺是堂兄弟，两人从小就常常在一起谈论，要在某一天通过某种方式，让自己成为村里最富有的人。

不久，机会来了。村里决定要雇用两个人，把河里的水运到村内的蓄水池里，村长把这份工作交给了柏波罗和布鲁诺。

于是，两个人干起了提水的工作。每天当他们把蓄水池装满水后，村长按每桶水一毛钱付钱给他们。

"我们的梦想终于实现了！"布鲁诺大喊着，"我简直不敢相信我们的好运气。"

但柏波罗却不这样想，这个工作很辛苦，他发誓要想出更好的办法来将河里的水运到村里去。

"布鲁诺，我有一个计划，"第二天早上，柏波罗对布鲁诺说，"我们修一条管道，将水从河里引进村里去吧。"

布鲁诺听了柏波罗的话后大声嚷道，"柏波罗，我一天可以提一百桶水，每天能赚十元钱！一个星期后，我就可以买一双新鞋。一个月后，我就可以买一头牛。六个月后，我还可以盖一间新房子。我们这辈子都不用愁了！放弃你的管道幻想吧！"布鲁诺极力反对架设管道。

柏波罗不是容易气馁的人，他决心自己一个人来实现这个计划，他白天用一部分时间运水，用另一部分时间来建造管道。他知道，在岩石般坚硬的土壤中挖出一条管道是多么艰难的事。他也知道在开始的时候，自己的收入会下降。但他更知道，管道建成后就能产生可观的效益。

有些村民嘲笑柏波罗是"管道建造者柏波罗"。布鲁诺挣的钱也比柏波罗多一倍，并且买了一头毛驴，配上全新的皮鞍，拴在他新盖的两层楼旁。他还买了亮闪闪的新衣服，在饭馆里吃着可口的饭菜。村民尊敬地称他为布鲁诺先生。晚上，当布鲁诺在吊床上悠然自得时，柏波罗却还在挖他的管道。头几个月里，柏波罗的努力并没有多大的进展，但他不断地提醒自己，实现明天的梦想，是建立在今天的牺牲上面的。

"短期的痛苦带来长期的回报。"他总是这样提醒自己。通过设定每天的目标来衡量自己的工作成效。他这样一直坚持下来了。

终于，管道通水了！

村民们簇拥着来看水从管道中流到水槽里！村子里终于有了源源不断的新鲜水。其他村子里的人也都搬到这个村子中来了，村子开始发展和繁荣起来了。

柏波罗口袋里的钱也越来越多。

■ **至理箴言**

与其相信你的金钱，倒不如相信你的智慧；与其寻找金钱，倒不如寻找智慧。

——佚名

❖ 自费修整花园的农民

十年前，乔·托马斯还只是城郊的一个农民，但他爱看书，不喜欢说话，给人的印象总是有点儿木讷忧郁。他还喜欢种花养草，这在当时的农村不是什么优点，周围的人便有意无意地嘲笑他，说他的命苦，没生在好地方好人家。托马斯却充耳不闻，该怎样还怎样。

一天，乔·托马斯走进市区游转，发现在市政府的一侧，有一块长满杂草的荒地。他站在那里看了半天，不由自主地说："多可惜，这儿要是整理成花园，该有多好！"不想他的话音刚落，就有人在他身后搭话："你想得不错，能详细说说怎么个干法吗？"

乔·托马斯转身看到一个中年人正朝着自己笑，还有个年轻人站在旁边。年轻人向他介绍说："这是新来的市长。"乔·托马斯朝市长看了看说："如果你同意，我可以把这块荒地改成花园。"市长说："市里事情太多了，恐怕一时顾不上这项投资。"乔·托马斯却说："我不要钱，修成后由我来看管就行。"市长想了一下，点头答应了他，并让秘书将此事通知有关部门，免得遭到干涉。第二天，

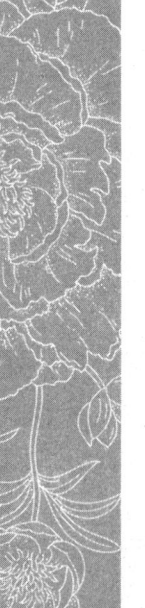

乔·托马斯开着他的农用轮车来了，车上装满了各种工具。他首先清走了垃圾，铲除了杂草，接着是平整园地，围扎栅栏。

一个农民自费修花园的消息不胫而走，不但引来了许多市民围观，也招来了电视台和报社的记者。乔·托马斯和他的花园成了这个城市的焦点。不久，不少人由原来的看热闹而开始伸出援助之手，有人送来了树苗，有人送来了花种，有一家花圃还送来了玫瑰、蔷薇的插枝，有一家木制品公司的老总听到消息后，表示要向花园免费提供长椅等设施，附近一所中学的学生们放学后还来这里参加义务劳动。

几个月后，原来杂草丛生、垃圾遍地的荒地，变成了一座美丽的花园：木栅栏上披满了蔷薇的藤蔓，玫瑰花也开了，绿茵茵的草地，鹅卵石小径上摆放着一排排白色的木椅。人们走进去，可以自由地散步和休息……乔·托马斯最终没有做花园的看管人，他又去了另外一些城市。有时候他是被请去的，有时候是他自己去的。当然，他不是去作报告，而是去设计花园。他已成了一个具有传奇色彩的园艺设计师。在许多城市的园林设计图上，都留下了他的名字。

乔·托马斯说，最令他骄傲和满意的，还是第一个花园——那是他改变自己的生存方式和生存意义的一个开始。

至理箴言

要向大目标走去，就得从小目标开始。　　——列宁

◆ 钻石就在身边

在一百多年前的美国费城，六个高中生向他们仰慕已久的牧师请求："先生，您肯教我们读书吗？我们想上大学，可是我们没钱。

我们中学快毕业了，您有一定的学识，你肯教教我们吗？"

这位牧师名叫康惠尔，他答应教这六个贫家子弟。同时他又暗自思忖："一定还会有许多年轻人没钱上大学，他们想学习但付不起学费。我应该为这样的年轻人办一所大学。"于是，他开始为筹建大学募捐。

当时建一所大学大概要花一百五十万美元。康惠尔四处奔走，在各地演讲了五年，出乎他意料的是，五年辛苦筹募到的钱不足一千美元。康惠尔深感悲哀，情绪低落。有一天，他突然发现教堂周围的草矮小干枯。他问园丁："为什么这里的草长得不如其他地方的草呢？"园丁回答说："你觉得这地方的草长得不好，主要是因为你把这些草和别的草相比的缘故。我们常常看到别人美丽的草地，希望别人的草地就是我们自己的，却很少去整治自家的草地。"园丁的一席话使康惠尔恍然大悟，他跑进教堂开始撰写演讲稿。

他在演讲稿中指出：我们大家往往让时间在等待中白白流逝，却没有努力工作使事情朝着我们希望的方向发展。

他在演讲中讲了一个农夫的故事：有个农夫拥有一块土地，生活过得很不错。但是，当他听说可以找到埋有钻石的宝库时，他便想，只要有一块钻石就可以富得难以想象。于是，农夫把自己的地卖了，离家出走，四处寻找可以发现钻石的地方。

农夫走向遥远的异国他乡，然而从未发现钻石，最后，他囊空如洗。有一天晚上，他终于在海滩自杀身亡。

真是无巧不成书。那个买下这个农夫的土地的人，在散步中无意间发现了一块异样的石头，拾起一看，它晶光闪闪，反射出光芒。仔细察看，发现这是一块钻石。这样，就在农夫卖掉的这块土地上，新主人发现了从未被人发现的钻石宝藏。

这个故事是发人深省的，康惠尔写道：财富不是仅凭着奔走四方才发现的，它需要人们往深处挖掘，它属于相信并依靠自己能力的人。

康惠尔做了七年这个"钻石宝藏"的演讲。七年后，他赚得了八百万美元，这笔钱大大超出了他想建一所学校的需要。

他建立的学校今天还耸立在宾夕法尼亚州的费城，这便是著名的学府——坦普尔大学。

至理箴言

我们生活在行动中，而不是生活在岁月里；我们生活在思想中，而不是生活在呼吸里。　　　　　　　　　——菲·贝利

树下的金币

从前，在一个偏僻的村庄里，住着一个穷人，他只有很小的一块田地。有一年，他的收成很不好，最后，只剩下一小袋种子了。当那块地到了可以耕种的时候，天刚一亮，他就从床上爬起来，来到田里开始播种。

他十分小心，生怕遗失一粒种子。到了正午时分，太阳猛烈地灼烤着他，他感到很疲乏，便停下来在树旁休息。当他坐下的时候，一把种子从袋子里撒出来，掉到了树干下的一个树洞里。虽然只是一点种子，但这个贫苦的人还是想："种子本来就很少，对我来说，每一粒种子都是宝贵的，丢失了都是损失。"

想到这里，他就拿着铲子，开始挖这株树的树根。天气很热，汗水沿着他的背和眉毛滴下来，但他还是不停地挖。当他终于挖到种子时，他发现它们掉在了一个被埋着的盒子上面。而那个盒子里装着黄金。

从此以后，这个穷人成了一个富有的人，人们对他说："你真是世界上最幸运的人。"

他笑着说:"不错,我是很幸运,但这些都源于我辛勤劳作和对种子的珍惜。"

■ **至理箴言**

世间没有一种具有真正价值的东西,可以不经过艰苦辛勤的劳动而能够得到的。

——爱迪生

从校工到总裁

连自己的名字都不会写的田中光夫,曾在东京的一所中学当校工。尽管周薪只有五十日元,但他十分满足,而且认真地干了几十年。就在田中光夫快要退休时,新上任的校长以他"连字都不认识,却在校园里工作,太不可思议"为由,将他辞退。

田中光夫恋恋不舍地离开校园,像往常一样,准备买半磅香肠作为晚餐。快到山田太太的食品店门前时,他猛地一拍额头——他忘了,山田太太不久前已经去世,食品店也已关门多天了。不巧的是,附近街区竟然没有第二家卖香肠的商店。忽然,一个念头在田中光夫幽闭的心田一闪——为什么不能开一家专卖香肠的小店呢?他很快拿出仅有的一点儿积蓄,接手山田太太的食品店,专门经营香肠。

五年后,田中光夫成了名声显赫的熟食品加工公司的总裁,他的香肠连锁店遍及东京的大街小巷,并且是产、供、销"一条龙"服务,颇有名气的"田中光夫香肠制作技术学校"也应运而生。

一天,当年辞退他的校长,十分敬佩地打来电话说:"田中光夫先生,您没有受过正规的学校教育,却拥有如此成功的事业,实在是了不起。"田中光夫由衷地说:"幸亏您当初辞退我,让我摔个跟

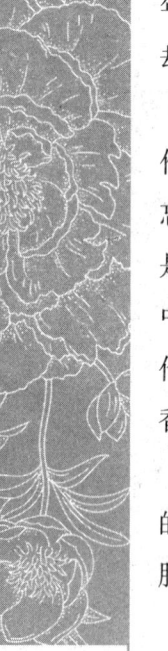

头，才认识到自己还能干更多的事情。否则，我现在肯定还是一位周薪五十日元的校工。"

至理箴言

烈火试真金，逆境试强者。　　　　　　　　　　——塞内加

◆ 反感自我满足

新闻界的"拿破仑"、伦敦《泰晤士报》的大老板思克利士爵士，在最初每月只能拿到八十英镑薪水的时候，他对自己的处境非常不满，之后当他挣到上万英镑时，也不满足，直至成为亿万富翁，他仍不满足。同时他对那些自我满足的人，是很反感的。

有一次，他在一个他从未谋面的助理编辑的办公桌前停了下来，和那个助理编辑聊了起来："你到这里来多久了？"

"将近三个月了。"那个助理编辑回答说。

"你觉得怎么样？你喜欢你的工作吗？对我们的办事程序熟悉吗？"

"我很喜欢我现在的工作。"

"你现在的薪水是多少？"

"一星期五英镑。"

"你对现在的状况满意吗？"

"很满意，谢谢你。"

"啊，但是，你要知道，我可不希望我的职员，一星期拿了五英镑，就觉得很满足了。"

思克利士想：世界上真不知道有多少人一辈子都一无所成，原因就是因为他仍太容易满足了，找到了一份稳定的工作，终其一生

总是拿那么一点点薪水，每天总是做着同样的事情，一直到死。而他们竟以为人的一生所能获得的东西也就只能有这么多了。于是思克利士决定不再重用这个助理编辑。

■ 至理箴言

人的活动如果没有理想的鼓舞，就会变得空虚而渺小。

——车尔尼雪夫斯基

❖ 资本是一只老鼠

有个青年，聪明睿智，点子特别多。

有一天，他在大街上捡到一只老鼠，便决定用它当资本做点买卖。他把老鼠送给一家药店铺，得到一枚钱。他用这枚小钱买了一点糖浆，又用一只水罐盛满一罐水。他看见一群制作花环的花匠从树林里采花回来，便用勺子盛水给花匠们喝，每勺里搁一点糖浆。花匠们喝后，每人送给他一束鲜花。他卖掉这些鲜花，第二天又带着糖浆和水罐到花圃里去。这天，花匠临走时，又送给他一些鲜花。他用这样的方法，不久便积聚了八个铜币。

有一天，风雨交加，御花园里满地都是狂风吹落的枯枝败叶，园丁不知道怎么清除它们。青年走到那里，对园丁说："如果这些断枝枯叶全归我，我可以把它打扫干净。"园丁同意道："先生，你拿去吧。"这位青年立即走到一群玩耍的儿童中间，分给他们糖果后，要他们去捡断枝枯叶。顷刻之间，这些儿童便帮他把所有的断枝败叶捡拾一空，堆在御花园门口。这时，皇家陶工为了烧制皇家餐具，正在寻找柴禾，看到御花园门口这些柴禾，就从青年手里买下运走。这天，青年通过卖柴禾得到十六个铜币和五样餐具。他现在已经有二十四个铜币了,心中又想出一个主意。他在离城不远的地方,设置了一个水缸,供应五百个割草工的饮水。这些割草工说道:"朋友,你待我们太好了,我们能为你做什么呢?"

"等我需要的时候,再请你们帮忙吧!"他四处游荡,结识了一个陆路商人和一个水路商人。陆路商人告诉他:"明天有个马贩子带五百匹马进城来。"听了陆路商人的话,青年对割草工说:"今天请你们每人给我一捆草,而且,在我的草没有卖掉之前,你们不要卖自己的草,行吗?"

他们同意道:"行!"随即拿出五百捆草,送到他家里。马贩子来后,走遍全城,也找不到饲料,只得出一千铜币买下这个青年的五百捆草。

几天后,水路商人告诉他:"有条大船进港了。"他又想出了一个主意。他花了几个铜币,临时雇了一辆备有侍从的车子,冠冕堂皇地来到港口,以他的指环印作抵押,订下全船货物,然后在附近搭了个帐篷,坐在里面,吩咐侍从道:"当商人们前来求见,你们要通报三次。"大约有一百个波罗奈商人听说商船抵达,前来购货,但得到的回答是:"没你们的份了,全船货物都包给一个大商人了。"听了这话,商人们就到他那里去了。侍从按照事先的吩咐,通报三次,才让商人们进帐篷。一百个商人每人给了青年一千元,才取得了船上货物的分享权,然后又每人给他一千元,取得全部货物的所有权。

由于青年巧作经营,以一只老鼠为本,在很短的时间内,成了远近闻名的富商。

■ 至理箴言

　　由于你不可能做到你所希望做到的一切,因此,你就应当做到你能够做到的一切。　　——泰伦底乌斯

借款与忠告

林肯同父异母的兄弟约翰斯顿写信给他,告诉他自己"破产"了,现正在伊利诺伊州科尔斯县经营家庭农场,因"经营压力很大",所以需要借一笔钱。今天在我们看来,林肯的回信完全对得起他兄弟的要求,因为培养辛勤工作的习惯比得到一笔借款远为重要。让我们来看这封信的全文:

亲爱的约翰斯顿:

很遗憾,我并不认为满足你八十元钱借款的要求是一个好主意。以前,每当我帮了你一个大忙,你总会说:"这下好了,我们不会有问题了。"可过不了多久,你又会陷入同样的困难中。既然这种情况一再发生,那就只能从你自身行为的缺陷中寻找原因了。你的缺陷在哪里呢?我觉得我应该略知一二的。你不懒,但你仍然是一个游手好闲的人。我怀疑,自从我上次见了你之后,你又没有干很多的事,因为你看不到从工作中可以得到很多东西。

这种无益的浪费时间,就是造成困难的全部原因。你应该改掉这个习惯,这对你,甚至对你的孩子都有非常重要的意义。为什么对你的孩子们有非常重要的意义呢?这是因为他们的人生才刚刚开始,在他们刚开始人生的时候就抛弃这种游手好闲的习惯,比他们开始人生后再去想办法克服要容易得多。

让父亲和你的孩子照管家里的一切——种种地,照看庄稼。你出去工作,找一份报酬好的工作,或者去做义工抵债。为了确保你能得到合适的报酬,我在这里向你保证,从今天开始到明年的五月一日为止,你在工作中每得到一元钱的报酬,或抵掉了一元钱的债务,我就加付你一元。

这样，如果你得到了一份月薪十元钱的工作，你就能在我这里得到另外十元钱，你的月薪就成了二十元。我也并没有要你出远门去圣路易斯，或去加利福尼亚的铅矿或金矿，我只要你在我们的家乡科尔斯县附近找一份报酬最合适的工作。

如果你能做到这点，你就马上能还清债务，更有益的是，你会培养一个好习惯，使你永远不会再负债。你说如果得到七十或八十元钱，你愿意把自己在天堂里的位置也让给别人，那你也太贱了。我可以肯定，加上我奖励给你的钱，用不上四五个月你就能得到七八十元钱。你还说，如果我借给你这些钱，你就会把土地抵押给我，而且，如果你还不了钱，就把土地所有权给我——荒唐！

现在你有这些土地都生活不下去，那么没有了这些土地你又怎么能生活下去呢？你对我一直不错，我现在对你也不是不讲亲情。相反，如果你听从我的劝告，你就能发现，我这里提的忠告比我借给你八十元钱还值钱。

祝福你！

你的兄弟
亚伯拉罕·林肯

至理箴言

业精于勤而荒于嬉，行成于思而毁于随。　　——韩愈

◆ 天道酬勤

罗森沃德1862年出生在德国的一个犹太人家庭，少年时随家人移居北美，定居在伊利诺伊州斯普林菲尔德市。

罗森沃德的家境不大好，为了维持生活，中学毕业后，他就到

纽约的服装店做杂工。罗森沃德从年幼时就受犹太人的教育影响，这使他拥有了艰苦奋斗的精神。

他确信凡人皆有出头之日，一个人只要选定了目标，然后坚持不懈地向目标迈进，百折不挠，胜利一定会酬报有心人的。罗森沃德本着这种精神，十分卖力地赚了几百块钱。

"我要当一个服装老板。"这是罗森沃德的奋斗目标。为了实现这个目标，他除了在工作中留心学习和注意市场动态外，把全部的业余时间用于学习商业知识，找有关的书刊阅读。到1884年，他自认为有些经验和小额本金了，决定自己开设服装店。可是，他的商店门可罗雀，生意极不佳，经营了几年，他把多年辛苦积攒的一点点血汗钱全部赔光了，商店只好关门，罗森沃德垂头丧气地离开纽约，回到了伊利诺伊州。

痛定思痛，罗森沃德反复思考自己失败的原因。最后，他找出了原因：服装是人们的生活必需品，但又是一种装饰品，它既要实用，又要新颖，这才能满足各种用户的需求。而自己经营的服装店，没有自己的特色，也没有任何新意，再加上自己的商店未建立起信誉，没有销售渠道，那是注定要失败的。针对自己出师不利的原因，罗森沃德决心改进，他毫不气馁，继续学习和研究服装的经营办法。他一边到服装设计学校去学习，一边进行服装市场考察，特别是对世界各国时装进行专门研究。一年后，他对服装设计很有心得，对市场行情也看得较为清楚，于是，决定重整旗鼓。他向朋友借来几百美元，先在芝加哥开设一间只有十多平方米的服装加工店。

因为他的服装设计款式多又新颖精美，再加上灵活经营，很快赢得了客户的喜爱，他的服装生意十分兴旺。

至理箴言

人的聪明和自己的明智及道路的选择，往往在失败以后。

——贾曦光

多等一小时

20世纪70年代末,一个年轻的日本人开了间二十平方米的小杂货店。由于资金缺乏,他店里的货色不多,生意一直很冷清。按照当时普遍的经营方式,杂货店一般到夜里十一点就都关门了,这个年轻人也不例外。

一天打烊后,年轻人忙着清理货架,这时进来几个买东西的人。看到这么晚了还有人来买东西,于是年轻人就多开了一个小时的门。结果在这一个小时中,他的营业额是白天的两倍。年轻人发现了商机,每天等到别人关店后,他总是多营业一个小时。时至2002年,他的总营业额达到了一千多亿日元。

事情始于二十多年前一个深夜"等待"的一小时。

至理箴言

告诉你使我达到目标的奥秘吧,我唯一的力量就是我的坚持精神。

——巴斯德

在失败中成长的美国股神

在美国,有这样一个年轻人:他是个大学生,每逢学校过礼拜或放假,他都得赶到父亲开的工厂去上班。他用打工的工资去偿还父母为他垫付的学费和伙食开支,在厂里他跟其他工人一样打卡上下班,月底就凭车间给他评定的质量分和完成工作的情况结算工资。

有一次，他因公车晚点而迟到了两分钟，那月的奖金就被扣除了一半。当他终于熬到大学毕业，认为自己可以接管父亲的公司时，父亲不让他接管公司，反而对他更加苛刻。他想不明白，父亲是一家公司的董事长，他家并不缺钱花，还经常捐钱给福利院，可就是舍不得多给他一分钱，就连生活费也得定期向父亲索要。他终于被父亲逼出了家门，觉得自己肯定不是父亲的亲生儿子，要不然他怎么会这样对待自己呢？他想，反正自己跟父亲已经没关系，不如去外面另谋生路。

　　他想去银行贷款做生意，可父亲坚决不给他担保。没有担保人，就没有办法向银行贷到一分钱。于是他只得去给别人打工，因为复杂的人际关系，他被人挤出了小公司。失业后，他用打工积累的一点儿资金开了家小店。小店的生意不错，他又开了家小公司。小公司慢慢地变成了大公司。

　　令他万分痛心的是，公司因为经营管理不善倒闭了。他想到跳楼，但他实在不甘心就这样离开人世。他认真地思索了自己的过去，思索父亲为什么对自己这么冷酷，思索自己在打工和经商中为什么屡遭惨败，他总结了自己失败的教训。但他没有灰心丧气，决心咬紧牙关，挺起胸膛从头再来。

　　就在他振作精神准备再干一番的时候，他的父亲出人意料地找到了他，张开双臂紧紧地拥抱了他，并决定让他接管自己的公司。对于父亲的决定他非常不解，他说："我现在是个一无所有甚至是个失败的人，你为什么还要我接管你的公司呢？"父亲说："不，孩子，你虽然跟几年前一样依然没有钱，但你拥有了一段可贵的经历。这段经历对你来说是场艰苦的磨炼，然而它却是可贵的。如果我前几年就将公司交给你，你就很难把公司经营管理好，可能你会失去这家公司，最终变得一无所有。可是现在你拥有了这段经历，你会珍惜它，而且会把它管好，还会让它不断发展壮大。孩子，无论干什么事情，不经受一番磨炼是干不好的。"

果然，他不负父亲的期望，将规模不大的公司发展成为一家令全球瞩目的大公司。他就是伯克希尔公司总裁——"美国股神"沃伦·巴菲特。他的资产仅次于比尔·盖茨，他的父亲叫霍华德·巴菲特。

受父亲的影响，沃伦·巴菲特一生节俭，谨慎从事。他的西服是旧的，钱包是旧的，汽车也是旧的，甚至他住的房子也是旧的。他现在拥有三百五十多亿美元资产，是个真正的富翁，负债率几乎为零。

至理箴言

我主要关心的，不是你是不是失败了，而是你对失败是不是甘心。

——林肯

◆ 勇敢面对贫困

丹尼斯的童年是在一个小农场里度过的。他的父亲本来是一个雇农，后来攒够了钱才买了一个六十五公顷的农场。经济大萧条时，丹尼斯只有三岁。那年冬天，他们连买煤的钱都没有。他们要爬进猪栏，捡拾猪吃剩下的玉米棒子用来做燃料。那些日子很苦。

第二年春天，又遇到严重干旱。丹尼斯的父亲准备把辛辛苦苦留起来的玉米用作种子。

"种了可能枯死，何必还要冒险去种呢？"丹尼斯问。他父亲却说："不冒险的人永远没有前途。"

于是，他父亲把留起来的最后一些玉米粒和燕麦，全都拿出来种了。可是，第四个星期过去了，还不见有雨来临，父亲的脸绷得紧紧的。他和其他农民聚在一起祈祷，请求上帝拯救他们的田地。后来，雷声终于响起。天下雨了！虽然丹尼斯雀跃万分，但是他的父母知道雨下得不够。烈日不久就会出现，天气又热起来了。他父亲掐了一把泥土，上面只有四分之一是湿的，下面全是干的。

那年夏天，丹尼斯看见弗洛德河逐渐干涸，小水坑变成泥坑，平时在河里扭来扭去的鲶鱼都死了。他父亲的收成只有半车玉米，这个收成和他所播下的种子数量差不多。父亲在晚餐祈祷时说："慈爱的主，谢谢你，我今年没有损失，你把我的种子都还给我了。"当时并不是所有的农民都像他父亲那么有信心，一家又一家的农场挂起了"出售"的牌子。他父亲当时请求银行给予帮助，银行信任他，并且帮助了他。

丹尼斯还记得童年时穿着破旧的大衣跟父亲去爱阿华银行，他记得那银行的日历上有这样一句格言：伟人就是具有无比决心的普通人。他觉得父亲就具有这种积极的态度。若干年后六月里的一个寂静下午，丹尼斯家受到龙卷风的侵袭。他们起初听到一阵可怕的怒吼声，慢慢地，风暴逐渐逼近了。忽然天上有一堆黑云凸了出来，像个灰色长漏斗般伸向地面。

它在半空中悬吊了一阵子，像一条蛇似的蓄势待攻。父亲对母亲喊道："是龙卷风，珍妮！我们得赶快离开这里！"转瞬间，他们便不得不慌慌张张地开车上路了。南行三公里之后，他们把车子停好，观看那凶残的旋风在他们后面肆虐……他们返回家后，发现一切都没有了，半小时前那里还有九幢刚刷过的房屋，现在一幢也不存在，只留下地基。父亲坐在那里惊愕得双手紧握方向盘。这时，丹尼斯注意到父亲的满头白发，身体由于艰辛劳作而显得瘦弱不堪。突然间，父亲的双手猛拍在方向盘上，他哭了："一切都完了！珍妮！二十六年的心血在几分钟内全完了！"

但是，他父亲不肯服输。两星期后，他们在附近小镇上找到一幢正在拆卸的房子，他们花了五十美元买下其中一截，然后一块块地把它拆下来。就是用这些零碎东西，他们在旧地基上建了一幢很小的新房子。几年后，一幢幢房屋又在这里被建了起来。结果，他父亲在有生之年，看到了他的农场经营得非常成功。

至理箴言

我觉得坦途在前，人又何必因为一点小障碍而不走路呢？

——鲁迅

◆ 忍耻发奋

汽车大王亨利·福特曾提到，自己之所以能有如此成就，是缘于在一家餐厅发生的一件小事。

在他还是一个修车工人的时候，有一次刚领了薪水，他兴致勃勃地到一家他一直十分向往的高级餐厅吃饭。却不料，年轻的亨利·福特在餐厅里呆坐了差不多十五分钟，居然没有一个服务生过来招呼他。

最后，还是餐厅中的一个服务生看到亨利·福特独自一人坐了那么久，才勉强走到桌边，问他是不是要点菜。

亨利·福特连忙点头说是，只见服务生不耐烦地将菜单粗鲁地丢到他的桌上。亨利·福特刚打开菜单，看了几行，就听见服务生用轻蔑的语气说道："菜单不用看得太详细，你只适合看右边的部分（意指价格），左边的部分（意指菜色），你就不必费神去看了！"

亨利·福特惊愕地抬起头来，目光正好迎接到服务生满是不屑的表情，这使得亨利·福特非常生气。恼怒之余，不由自主地便想点最贵的大餐。但又想起口袋中那一点点可怜微薄的薪水，亨利·福特咬了咬牙只点了一个汉堡。

服务生从鼻孔中"哼"了一声，傲慢地收回亨利·福特手中的菜单。他口中虽然没有再说话，但脸上的表情却很清楚地让亨利·福特明白："我就知道，你这穷小子，也只不过吃得起汉堡罢了！"

在服务生离去之后,亨利·福特并没有因为花钱受气而继续恼恨不休。他反倒冷静下来,仔细思考,为什么自己总是只能点自己吃得起的食物,而不能点自己真正想吃的大餐。

亨利·福特当下立志,要成为社会中的顶尖人物。从此之后,他开始朝梦想前进,由一个平凡的修车工人逐步成为叱咤风云的汽车大王。

■ **至理箴言**

无论做什么事情,只要肯努力奋斗,是没有不成功的。

——牛顿

❖ 把屈辱化为前进的动力

相信每个人都听过"希尔顿大饭店",在这里要与你分享的,是希尔顿大饭店集团的创始人希尔顿先生成功的秘诀。

希尔顿年幼时,正好遇到美国历史上最严重的经济大恐慌。而希尔顿又是一个孤儿,在那样不景气的时代,他只好四处流浪,靠着乞讨维生,到了夜晚,则找一个勉强可以遮风避雨的地方栖身。

有一次,希尔顿流浪到城市里,连着几个晚上,都躲在一间大饭店门廊的阴暗角落避寒。

这天半夜,希尔顿在睡梦中被饭店的门童合力抬了起来,丢到距离饭店十米外的雪地上。

睡梦中惊醒的希尔顿,大声地质问门童:"我睡我的觉,哪里碍着你们,为什么把我丢到雪堆里?"

几个门童答道:"明天一大早,我们饭店的集团老板莅临,经理认为如果让你们这些流浪汉躺在门廊边,不仅有碍观瞻,还可能会引起大老板的不悦与指责，所以要请你们离开！"

希尔顿十分愤怒地大声道："你们集团老板也是人，我也是人，在这么寒冷的天气里，让我在门廊下睡一晚，明天再赶我走，也还不迟。为什么要在半夜里，偷偷地把我丢在雪地上？"

门童趾高气扬地说："这是饭店经理交代的，我们也只是依命行事。"

希尔顿咬着牙，握紧拳头，道："你们给我听着，终有一天，我一定要开一家比你们饭店更大、更豪华的酒店，记住我现在所说的话！"

因着在雪地中所受的屈辱，希尔顿立下宏愿，从此之后，他不断地努力工作，存下他所赚得的每一分钱，终于创立了第一家"希尔顿大饭店"，并发展成为全世界最大的饭店集团之一，即"希尔顿饭店集团"。

■ 至理箴言

重要的不是成功，而是奋斗。　　　　　——赫伯特

◆ 用实际行动来证明自己

拿破仑的父亲是一个极高傲却穷困的科西嘉贵族。父亲把拿破仑送进了一个贵族学校，在这里与他往来的同学经常在他面前极力夸耀自己富有并讥讽他的贫穷。这种言语虽然引起了他的愤怒，但对此他却无能为力。

后来实在受不住了，拿破仑写信给父亲，说道："为了忍受这些人的嘲笑，我实在疲于解释我的贫困了。他们唯一高于我的便是金钱，至于说到高尚的思想，他们是远在我之下的。难道我应当在这些富有高傲的人之前谦卑下去吗？"

"我们没有钱，但是你必须在那里读书。"这是他父亲的回答，这也使他忍受了五年的痛苦。但是每一个嘲笑，每一次欺侮，每一种轻视的态度，都使他增加了决心，发誓要做给他们看看——他确实是高于他们的。他是如何做的呢？这当然不是一件容易的事，他一点也不空口自夸，他只是心里暗暗计划，决定利用这些没有头脑却傲慢的人作为桥梁，去使自己得到技能、金钱、名誉和地位。

等他到了部队时，他看见他的同伴们正在用多余的时间追求女人和赌博。而他那不受人喜欢的体型使他决定改变方针，用埋头读书的方法，去努力和他们竞争。读书是和呼吸一样自由的。因为他可以不花钱在图书馆里读书，这使他得到了很大的收获。他并不去读那些没有意义的书，也不是专以读书来消遣自己的烦恼，而是为自己理想的将来做准备。他下定决心要让全天下的人知道自己的才华。因此，在他选择图书时，也都是以此为选择的范围。

他住在一个既小又闷的房间内。在这里，他脸无血色、孤寂、沉闷，但是他却不停地读下去。他想象自己是一个总司令，将科西嘉岛的地图画出来，并在地图上清楚地指出哪些地方应当布置防范，这是他用数学的方法精确地计算出来的。他数学的才能也获得了提高，这使他第一次有机会表示他能做什么。

他的长官看见拿破仑的学问很好，便派他在操练场上执行一些任务，这是需要极复杂的计算能力的。他的工作做得极好，于是他又获得了新的机会，就这样拿破仑慢慢走上向上的道路了。

这时，一切的情形都改变了。从前嘲笑他的人，现在都涌到他面前来，想分到一点他得的奖励金；从前轻视他的，现在都希望成为他的朋友；从前揶揄他是一个矮小、无用、死用功的人，现在也都非常尊重他。

他们都变成了他的忠心拥戴者。

> **至理箴言**
>
> 要想获得一种见解，首先就需要劳动，自己的劳动，自己的首创精神，自己的实践。　　　　——陀思妥耶夫斯基

❖ 智勇双全的福勒

福勒是美国一户黑人家庭的孩子，他有七个兄弟，家里相当贫穷，他决定把经商作为生财的一条捷径，最后选定经营肥皂。开始的几年他都是挨家挨户出售肥皂，后来他决定用十五万美元买下向他供应肥皂的那个公司。但他只积蓄了两万五千美元，于是，他把所有的积蓄作为保证金，然后要在十天的限期内付清剩下的钱，如果他不能在十天内筹齐这笔款，就要丧失所预付的保证金。

福勒从私交的朋友那里借了一些钱，又从信贷公司和投资集团那里获得了援助。

在第十天的前夜，他筹集了十一万五千美元，也就是说，还差一万美元。

福勒回忆说："当时我已用尽了我所知道的一切贷款来源。"

夜里十一点钟，福勒驱车沿芝加哥61号大街驶去。驶过几个街区后，他看见一所承包商事务所亮着灯光。

他走了进去。

在一张写字台旁坐着一个因深夜工作而疲惫不堪的人。

福勒意识到自己必须勇敢些。

"你想赚一千美元吗？"福勒直截了当地问道。

这句话把那位承包商吓得向后仰去。

"是呀，谁不想发财呢？"他答道。

"那么，给我开一张一万美元的支票，当我奉还这笔钱时，我将

另付一千美元利息。"福勒对那个人说。他把其他借款给他的人的名单给这位承包商看，并且详细地解释了这次商业冒险的情况。

那天夜里，福勒在离开这个事务所时，衣袋里已装了一张一万美元的支票。

后来，他不仅在那个肥皂公司，而且在其他七个公司，包括四个化妆品公司、一个袜类贸易公司、一个标签公司和一个报馆，都获得了控股权。

■ 至理箴言

　　真正的坚忍是当一个人无论遇到什么灾祸或危险的时候，他都能够镇静自处，尽责不辍。
　　　　　　　　　　　　　　　　　　　　　　　——洛克

拾破烂成为百万富翁

一般人眼中，拾破烂的一定是穷人。想靠拾破烂成为百万富翁，近乎天方夜谭。可是，真就有人做到了。

沈阳有个以拾破烂为生的人，名叫王洪怀。有一天他突发奇想：收一个易拉罐，才赚几分钱，如果将它熔化了，作为金属材料卖，是否可以多卖些钱？于是他把一个空罐剪碎，装进自行车的铃盖里，将它弄成一块指甲大小的银灰色金属，然后花了六百元在市有色金属研究所做了化验。化验结果出来了，这是一种贵重的铝镁合金！当时市场上的铝锭价格，每吨在一万四千元至一万八千元之间。这样看，卖熔化后的材料比直接卖易拉罐会多赚六七倍的钱。他决定回收易拉罐来熔炼。从拾易拉罐到炼易拉罐，这一转变改变了他所做的工作的性质，也让他的人生走上了另外一条轨道。

为了多回收易拉罐，他把回收价格从每个几分钱提高到每个一角四分，又将回收价格以及指定收购地点印在卡片上，向所有的拾荒人散发。一周以后，王洪怀骑着自行车到指定地点一看，只见一大片货车在等他。车上装的全是空易拉罐。

这一天，他回收了十三万个，足足两吨半。

向他提供易拉罐的同行，卸完货仍然又去拾他们的破烂，而王洪怀却彻底变了。

他立即办了一个金属再生加工厂。第一年，加工厂用空易拉罐炼出了二百四十多吨铝锭，三年时间就赚了二百七十万元。他从一个拾荒者一跃成为百万富翁。

■至理箴言

没有顽强的细心的劳动，即使是有才华的人也会变成绣花枕头似的无用的玩物。
——斯坦尼斯拉夫斯基

丢宝石下海

有个年轻人，想发财想到几乎发疯的地步。每每听到哪里有财路他便不辞劳苦地去寻找。有一天，他听说附近深山中有位白发老人，若有缘与他见面，则有求必应，肯定不会空手而归。

于是，那年轻人便连夜收拾行李，赶上山去。他在那儿苦等了五天，终于见到了那个传说中的老人，他向老者请求赐珠宝给他。

老人便告诉他说："每天清晨，太阳未东升时，你到村外的沙滩上寻找一粒'心愿石'。其他石头是冷的，而那颗'心愿石'却与众不同，握在手里，你会感到很温暖而且会发光。一旦你寻到那颗'心愿石'后，你所祈愿的东西都可以实现了！"

青年人很感激老人，便赶快回村去。

每天清晨，那青年人便在海滩上捡石头，一发觉不温暖又不发光的，他便丢下海去。日复一日，月复一月，那青年在沙滩上寻找了大半年，始终也没找到温暖发光的"心愿石"。

有一天，他如往常一样，在沙滩开始捡石头。一发觉不是"心愿石"，他便丢下海去。一粒、两粒、三粒……

突然，青年人哭了起来，因为他刚才习惯地将那颗"心愿石"随手丢下海去后，才发觉它是温暖的！

至理箴言

我们粗心的错误，往往不知看重我们自己所有的可贵的事物，直至丧失了它们以后，方始认识它们的真价。——莎士比亚

五美元的生铁

艾利弗·波瑞特跟着一个铁匠当学徒，白天他都待在铁匠铺里工作，晚上才点上蜡烛读书学习。他的口袋里始终都装着自己需要读的书，只要有一点空闲就拿出来看。当别的孩子到处闲逛的时候，小艾利弗却正在抓住任何一个机会不断地提高着自己。谁会想到，就是在这样的情况下，他在几年的时间里，居然读了大量的书籍，学会了七个国家的语言。后来，他成为美国著名学者，哈佛大学出色的教授。

这正如一个成功的教育家教育他的儿孙所说："任何人来到这个世界上，其生命的潜在价值都是差不多的，关键的问题是一个人一生怎样让这价值得以开发。比如，一块最初只值五美元的生铁，铸成马蹄铁后可值十多美元；如果制成磁针之类的东西可值三千多美元，如果进一步制成手表的发条，其价值就是二十五万美元之多了。"

> **至理箴言**
>
> 　　倦怠乃人生之大患，人们常叹人生短暂，其实人生悠长，只是由于不知它的用途。
> 　　　　　　　　　　　　　　　　　　　　——维尼

◆ 后院的金币

有一个开罗人整天梦想着发财，一天夜里，他梦见神对他说："想发财，你就得去伊斯法罕，在那里能找到金币。"

"天哪！伊斯法罕远在波斯啊，必须穿越阿拉伯半岛，经波斯湾，再攀上扎格罗斯山，才能到达那山巅之城。可能还没到就客死他乡了。到底去不去呢？"开罗人想，"但是，如果不去，这辈子恐怕难以发财了。"最后他还是决定前行。

开罗人千里跋涉，历经了许多艰难险阻，风尘仆仆地到达了"山巅之城"伊斯法罕。但是结果令他大失所望，当地兵荒马乱，连他随身带的一点值钱的东西都被土匪抢走了，还是一位当地人救了他。

"听口音，你不是本地人？"救命恩人问他。

"我从开罗来。"开罗人气息奄奄地说。

"什么？开罗？你从那么远、那么富有的城市，到我们这鸟不生蛋的伊斯法罕来干什么？"

"因为我梦见神对我说，到这里来可以找到成千上万的金币。"开罗人坦白地说。

那人大笑了起来："真是个笑话，我还经常做梦，我在开罗有个房子，后面有七棵无花果树和一个日晷，日晷旁边有个水池，池底藏着好多金币呢！回到开罗去吧，别做白日梦了。"

开罗人衣衫褴褛一无所有地回到了开罗，但是，没过多久，他就变成了开罗最有钱的人。

因为那位伊斯法罕人所说的七棵无花果树和水池，正在他家的后院。而他在水池底下，真的挖出了成千上万的金币。

有人说，开罗人白去了一趟伊斯法罕，因为金币就在自己家后院。但是如果他没去伊斯法罕，也许永远不会知道这个结果。

■ **至理箴言**

　　生活随人的勇气大小而收缩或膨胀。　　——安耐丝尼恩

❖ 寻找谷仓里的金表

一个农场主在巡视谷仓时不慎将一只名贵的金表遗失在谷仓里，他遍寻不获，便在农场门口贴了一张告示，要人们帮忙，找到的人悬赏一百美元。

人们面对重赏的诱惑，无不卖力地四处翻找，无奈谷仓内谷粒成山，还有成捆成捆的稻草，要想在其中找寻一块金表如同大海捞针。

人们忙到太阳下山仍没有找到金表，他们不是抱怨金表太小，就是抱怨谷仓太大、稻草太多，他们一个个放弃了一百美元的诱惑。只有一个穿着破衣裳的小孩在众人离开之后仍不死心，努力寻找，他已整整一天没吃饭，希望在天黑之前找到金表，解决一家人的吃饭问题。

天越来越黑，小孩在谷仓内坚持寻找，突然他发现一切喧闹静下来后有一个奇特的声音"滴答、滴答"不停地响着。小孩顿时停止寻找。谷仓内更加安静，滴答声响十分清晰。小孩寻声找到了金表，最终得到了一百美元。

> **至理箴言**
>
> 字典里最重要的三个词就是意志、工作、等待。我要在这三块基础上建立我成功的金字塔。　　　——巴斯德

◆ 吃苦的幸福

每晚吃饭的时候，山姆总会闻到一股肉香，那是从对门邻居餐桌上飘出的，他会使劲地吸气，将香气都吸到自己的身体里。时间一长，山姆就能够根据肉香断定邻居吃的是什么肉。山姆不明白邻居家的餐桌上为什么总会有那么多鱼肉，而自己家却每天吃些蔬菜。

山姆经常会情不自禁地站在门口看邻居一家吃鱼吃肉，看着看着，口水会不知不觉地流出来。

邻居常常会夹上一块肉给他，然后说："回去吧，叫你妈也买点肉吃。"

有一天，山姆终于忍不住问妈妈："为什么邻居家的餐桌上总会有鱼肉，而我们家却没有呢？"

妈妈没有回答。

一个星期天，妈妈问："今晚你想不想吃肉？"

"想啊，我好久没吃肉了。"山姆高兴地说。

"那好，你随我来。"妈妈说。

妈妈带着山姆来到了一个工地上，她向工头要了一份搬砖的活，总共有一千块砖，都搬完了可得十美元。妈妈对山姆说："快搬吧，搬完了今晚就有肉吃了。"

山姆搬了一段时间后，腿脚有些发麻，妈妈鼓励他："已经搬了一百块，可以得到一美元了。搬吧，再努力又可以得一美元了。"山姆又支撑了一会儿，终于搬不动了。

"妈妈，干这事太辛苦了。"山姆伸伸胳膊说道。

"歇一下吧，歇一下再搬。"妈妈说。

山姆就这样歇一会儿又搬一会儿，而妈妈总是不停地搬。山姆记得那次天气非常热，妈妈的衣服浸得透湿，像刚淋过雨似的。真是太累了，山姆真想不干了。他试探着把话说出去，妈妈说："孩子，不通过辛勤劳动，哪能够得到幸福？"

到了傍晚，母子两个终于把活干完了。妈妈从工头那儿领了十美元。这时候，山姆累得直不起腰了。

晚上，餐桌上摆上了香喷喷的鱼和肉，弟弟妹妹们吃得非常香。"孩子，我想你已经知道了邻居餐桌上为什么每餐都有肉了吧。这就叫吃苦，你知道吗？"妈妈望着孩子们说。

山姆的心灵受到了震撼，面对餐桌上的鱼和肉，还有吃得正香的弟弟妹妹们，他哭了。

从此以后，山姆牢牢记住"吃苦"这两个字，在学习和生活中时刻严格要求自己。

至理箴言

正像我们无权只享受财富而不创造财富一样，我们也无权只享受幸福而不创造幸福。　　　　　　　　　——萧伯纳

❖ 目标引领财富

康拉德·希尔顿开始涉足旅馆业时，手头只有五美元。"我如何创业？"希尔顿向母亲请教。

这是一位伟大的母亲，她严肃而又坚定地告诫儿子："你必须找到你自己的世界。与你父亲一起创业的老友曾经说过：'要放大船，必须先找到水深的地方。'"

于是，希尔顿来到了当时因发现石油而聚集了无数冒险家的得克萨斯州。一天，希尔顿来到马路对面的一家名为"莫布利"的旅馆想住上一晚，谁知旅馆门厅里的人群潮水般地似的争着往柜台前挤。当他好不容易挤到柜台前，服务员却把登记簿"啪"地一合，高声喊道："客满了！"

而后，一个铁青着脸的先生开始清理客厅，驱赶人群。他口气生硬地对希尔顿说："请快点离开，八小时后再来碰运气，看有没有腾出的床位，因为我们这里是每天二十四小时做三轮生意的。"希尔顿正想发火，忽然灵机一动地问："你是这家旅馆的主人吗？"对方却诉起苦来："是的。我就是陷在这里不能自拔了。我赚不到什么钱，不如抽出资金到油田去赚更多的钱。"

"你的意思是？"希尔顿压抑住内心的兴奋，故意满不在乎地问，"这家旅馆准备出售？""只要有人出五万美元，今晚就可以拥有这儿的一切，包括我的床。"旅店老板卖店的决心已定。

希尔顿在仔细查阅了莫布利旅馆账簿的基础上，决定买下这家旅馆。经过一番讨价还价，卖主最后同意以四万美元出售。希尔顿立即四处筹措现金，终于约定的时间内将钱全部送到。希尔顿成了莫布利旅馆的主人。他随即给母亲发电报报喜："新世界已经找到，这里可谓水深港阔，第一艘大船已在此下水。"

当晚，莫布利旅馆全部客满，连希尔顿的床也让给客人住了。随着莫布利旅馆的经营成功，雄心勃勃的希尔顿又与人合伙买下了华斯堡的梅尔巴旅馆、达拉斯的华尔道夫旅馆。希尔顿的旅馆业开始蒸蒸日上。但他并不满足，他决定要建造自己的新旅馆。

1925年8月4日，"达拉斯希尔顿大饭店"终于落成，希尔顿为它举行了隆重的揭幕典礼。之后在阿比林、韦科、马林、普莱思维尤、圣安吉诺和拉伯克等地相继建起了希尔顿饭店。

希尔顿的事业越做越大。他成立了希尔顿饭店公司，把所有的连锁店统一起来。他决心向更广阔的世界扩展。

1937年夏天，希尔顿看上了旧金山一家名为"德雷克爵士"的旅馆。这家旅馆有四百五十个房间，共二十二层，还有一个价值数十万美金的豪华夜总会。老板正急于将这家旅馆转让。希尔顿不失时机地筹集资金，在1938年1月将"德雷克爵士"旅馆买了下来。1939年，他又买下了长堤的"布雷克尔斯饭店"。这几次收购的成功，并没有使他满足，反而更加激发了他的野心。

　　希尔顿又把目光瞄向当时世界上最大的饭店——芝加哥的史蒂文斯大饭店。他特地在1939年年底亲自去调查了该饭店。它可谓饭店中的"巨无霸"，拥有三千个带卫生间的客房，宴会厅一次可接待八千位来宾。1945年，机会来了，希尔顿与史蒂文斯饭店老板经过几个回合的讨价还价，终于以一百五十万美元买下了这家饭店。不久，他又以巨款买下芝加哥另一家豪华的饭店——帕尔默饭店。

　　永不满足的希尔顿又把下一个目标瞄向了被誉为"世界旅馆皇后"的华尔道夫大饭店。这家饭店坐落于纽约巴克塔尼大街，共有四十三层，两千多个房间，曾接待过世界上许多国家的王室贵族、政府首脑和百万富豪，堪称世界上最豪华、最著名的饭店。早在20世纪30年代初，希尔顿第一次在报刊上看到这座刚落成的宏伟壮观的大饭店照片时，就为之倾倒。他发誓一定要将这梦寐以求的理想之物弄到手。经过前后近二十年的努力，希尔顿终于如愿以偿。1949年，这家饭店终于归他所有了。

　　1954年10月，希尔顿创造了他一生中最辉煌的一页，用一亿多美元的巨资买下了有"世界旅馆皇帝"美称的"斯塔特拉旅馆系列"，这是一个拥有十家一流饭店的连锁旅馆。这是旅馆业历史上最大的一次兼并，也是当时世界上耗资最大的一宗不动产买卖。

　　希尔顿终于登上了美国旅馆业大王的宝座。他没有止步，而是放眼世界旅馆事业，成立了国际希尔顿旅馆有限公司，将他的旅馆王国扩展到世界各地。希尔顿的事业跃上了新的巅峰，成为了世界旅馆之王。

至理箴言

目标已经在望，为了这个目标，我们遭受一些痛苦是值得的。在这以后，我们将会飞得更高，更远，更有力，然而，生活难道不就是这样吗？

——戴高乐

❖ 金钱的"记忆"

杰克早年并不富有，他的生活是艰难的，但即使经济不宽裕，他的母亲总是尽一切力量在可能的时候，给他最特别的礼物。无论何时她有了额外的钱，她一定会为孩子们买点什么，或者为他们买一个新的游戏机，或者带他们去看露天电影。杰克认为，他们总是一有了额外的钱就把它花掉，因此他们从来没有多余的钱可以存下来。

当杰克开始赚到可观的钱的时候，他注意到一些奇怪的现象。即使他的收入高了许多，但是似乎每到月底仍然是一毛钱不剩。

多年以前，杰克想第一次投资置产。他知道他至少需要三万美金的现款，但杰克一辈子也没有存过那么多钱。所以他订出一个时间表，想在六个月之内存够钱。一个月要五千美元才行。这个数目似乎很遥远，但是杰克凭着信心就这么开始了。

杰克把被称作"增添期款"的新账单放进档案里。每个月五千美元的账单看起来似乎很难达成，事实上，在最初一两个月杰克试着想不理它。不过他还是照计划执行，并且试试看有什么其他方式，可以确保这笔额外的账单和其他账单一块儿付清。

一件有趣的事发生了。因为杰克专心理财并且保住他赚到的五千美元，他越来越注意到他常把自己的钱轻率地随处散掉。他也开始留意一些机会,是他以前没有注意到的。他也想到,他以前在工作上只会投注精力到某个程度,现在由于他必须有额外收入,他就在所从事的工作上多投入一点精力、一点创造力。他开始冒比较大的风险,他要客户为他的服务支付更多的代价。他为他的产品开发新市场,他找到利用时间、金钱和人力的方法,以便在较少的时间内做完更多的事情。借着给他自己称作"首期款"的账单,他加强了他一向就拥有的能力。很快地,杰克的财富一步步地累积了起来……

■ 至理箴言

勇敢里面有天才、力量和魔法。　　　　　　　　——歌德

❖ 绝望的商人

有个年轻人在继承了父亲的遗产后,决定拿出一大部分的钱去从事石油生意,但由于他买到较差油质的油田,不久就把本钱全给赔了进去。

很快他又拿出剩下的钱的一半做起了服装买卖,可由于他所经营的服装款式过于守旧,导致他没多久也做不下去了。

于是他把余下的钱全部投入到了餐饮生意中,由于不擅管理、经营不当,以至餐厅没开多久又关门大吉了,最后他只得转卖了餐厅。

接下来,年轻人又开了鲜花店、蛋糕房……但全都没有成功,眼见手中的钱所剩无几,最后只剩仅能在远郊买一块墓地的钱。

于是年轻人对生活对自己彻底地绝望了,他感觉自己实在无能,不管干什么都一事无成,与其这样倒还不如给自己买块墓地,至少

在无路可走时还有个栖身之地。

于是，他真的就把身上最后的一点钱，在远郊给自己买了一块墓地。岂料，他刚买下墓地不久，就遇到市政府计划在此修公路的事，而他的墓地又正好在计划公路的一个重要十字路口处。因此这一带的地价倍增，他的墓地也更是身价不凡。年轻人在卖了墓地之后小发了一笔财。

此后，年轻人对生活又恢复了信心，还时常在脑海里浮现出这样的念头：我为何就不试试地产方面的生意呢？或许也会像这块墓地一样让我发更多的财。

于是，年轻人处处留心观察有望升值的地皮，一旦有把握后就用钱把它先买下来，等它升值以后再将它卖掉，几年下来，他就成了有名的地产商。

■ 至理箴言

成大事不在于力量的大小，而在于能坚持多久。　　——约翰生

◆ 善于梦想的美国人

约翰·坦普登在田纳西州的温彻斯特度过了他的高中时代。在这里，他萌生了自己的梦想：希望有朝一日成为一家大公司的首脑人物。这个十多岁的小男孩，从此开始为他的梦想而努力。

进入耶鲁大学之后，约翰的眼界更加开阔了，他的兴趣从经营一般企业转移到研究评断公司财务上面。没想到不幸却在这时降临到他的头上，大学二年级时，他父母再也拿不出钱供他念书了，约翰陷入了两难的境地，或者休学就业，或者半工半读。这样的选择，对约翰来说非常艰难，但为了实现自己的梦想，他无论如何也要坚

持到毕业。

约翰用奖学金和兼职工作完成了这一切，并且取得了好成绩。三年后，约翰获得了经济学学士学位，同时还获得了著名的路德奖学金。以后的两年，他在英国牛津大学攻读硕士学位，这对他将来从事财务经营也是大有帮助的。

毕业后，约翰回到纽约，开始追求自己的目标。他一开始就进了一家规模很大的证券公司，在公司里，他的职务是投资咨询部办事员。

不久，他看到一则招聘启事，有一家国家地理勘察公司征聘年轻上进的财务经理。约翰认为，这家公司能让他学到更多有关财务经营方面的东西，于是前去应聘。很顺利的，他就进了这家公司，并且一做就是四年。四年以后，这家公司的业务发展非常稳定，约翰发展得也很不错，可约翰觉得在这里能学的已经都学完了，他应该寻找更多的学习机会。他又回到了以前的那家证券公司。

二十八岁的时候，约翰又一次面临重大选择。公司有一名资深职员要退休了，这个人有八个很有实力的客户，他愿意以五千美元转让给约翰。在当时，五千美元简直就是约翰的全部财产，万一失败，约翰就会一贫如洗。而且，还有一个很严重的隐患，就是这些客户转过来后能否留住还不清楚。

这时，早年的梦想撞击着约翰的心扉，他自立门户的雄心战胜了一切。他接受了这八名客户，并且立即前往拜访，坦率而诚挚地向他们说明了自己的梦想与计划。客户们被他的热情与直率感动，都表示可以留下观察一段时间，这一观察就一个也没走，全留下来了。

在开始的两年里，约翰过得非常艰难，公司的经营也境况不佳。但约翰从来没有放弃过，反而越来越高地要求公司的服务品质。后来，境况慢慢好转，客户逐渐增多，公司业务也开始蒸蒸日上。

现在，约翰已经是一家投资咨询公司的总裁，拥有资产近一亿美元，同时还兼任某大型互助银行的常务董事以及数字公司的董事。他年轻时候的梦想真的变成了现实。

至理箴言

梦想只要能持久，就能成为现实。我们不就是生活在梦想中的吗？

——丁尼生

富翁是这样 "炼" 出来的

盖尔·博登是一个善于在逆境中把握机会的人，正是这一点，使他有了辉煌的成就。

早年，博登埋头于发明创造。他先是发明了脱水肉饼干，但未给他带来多少收益，相反，却使他在经济上陷入窘境。有了第一次失败的教训，博登未被困难击倒。经过两年反复的试验，他终于又制成了一种新产品——炼乳，并决定把它推向市场。

但是，博登为他的产品申请专利时，得到的答复是产品缺乏新意，并且，专利局官员告诉他，在已批准的专利申请存档中已经有数十种"脱水乳"的专利权。博登并不甘心，接下来他提出了三次申请，都被以不同的理由回绝了。

三次申请，三次被驳回，并未把博登击倒。他对专利权仍然穷追不舍，因为他坚信他的创造。结果他的第四次申请终于被批准了。

然而，推销新产品不是一帆风顺的。尽管博登每天花费十八个小时在厂里教导工人们炼乳的生产方法，监督生产程序，检查卫生情况；尽管他将炼乳的成本压至最低；尽管他小心地挑选一位社区领袖做他的第一位顾客……但是，当时当地的顾客习惯把掺有水分的牛奶放入一些发酵品，进行蒸馏。他们只觉得炼乳稀奇古怪，对它存有疑心，所以，很少有人问津。

出师不利，甚至到了山穷水尽的地步——博登的两位合伙人都失去了信心。第一家炼乳厂被迫关闭了。

博登破釜沉舟，又建起了新工厂。也许是他的努力感动了上帝，他的第二次尝试终于获得了成功。在他逝世时，他的公司已成为美国具有领导地位的炼乳公司。

在博登的墓碑上，有这样一段墓志铭："我尝试过，但失败了。我一再尝试，终于成功。"

这正是对他一生的总结。

至理箴言

失败之前无所谓高手，在失败的面前，谁都是凡人。

——普希金

第四辑

> 金钱可以是许多东西的外壳，却不是里面的果实。
> ——易卜生

◆ 善良的人最富有

1886年12月的一个黄昏，贫穷的荷兰画家凡·高因为付不起房租，被迫冒着刺骨的风雪来到一家廉价的小画铺的门前。他央求着老板开了门，希望老板能够买下他刚刚完成的一幅静物画。

是的，这个年轻的、尚未成名的画家实在是太穷了。他一个人流落在他乡，身边既没有亲人也没有什么朋友。虽然他每天都要从事十四到十六个小时的绘画工作，但是他的画却一张也卖不出去。为此，他受尽了世人的歧视与冷遇。

但是，就算是这样，他所挣得的钱，还是连房租都付不起。

他曾经在一封信上这样说道：

"这几天我过得很不愉快。在星期四的时候我的钱就已经花光了，四天来我靠着二十杯咖啡加一点点面包为生，就连面包钱还是欠了人家的。今晚只剩一块面包皮了……然而，就算这样，创作却依然深深地吸引着我，我像苦力一样画着我的油画……"

生活就是这样的不公平，而凡·高又是如此的贫困无助！他知道，这个冬天，如果再卖不出去一张画的话，那么他只有被房东赶出去露宿在风雪街头了……

还算幸运，这间小画铺的老板勉强买下了他的一幅静物画，给了他五个法郎。对于凡·高来说，这已经算是最大的恩宠了。他紧紧地攥着这五个法郎，赶忙离开了小画铺。

可是，就在这风雪交加的归途上，他忽然看见一个衣衫褴褛的小女孩，正从圣拉萨教堂里走出来。小女孩很美丽，但从她那一双可怜的孤苦无助的眼睛里，凡·高一下子就看出来了，她也正处在饥寒交迫之中。

"可怜的孩子！"凡·高用忧郁的目光注视着这个女孩，喃喃地说道，"没有错，当风雪降临到世界的时候，所有的穷人都是困苦的，然而那些富人是不会懂得这些事的。"

这样想着的时候，凡·高完全忘记了房东此时正守在他的住处，等着他回去交房租呢。他毫不犹豫地把自己刚刚拿到手的五个法郎，全部送给了这个素不相识的、楚楚可怜的小女孩。他甚至还觉得自己所给予这个小女孩的帮助太少，于是便满脸惭愧地、逃跑似的离开了小女孩，消失在凛冽的风雪之中……

四年之后，凡·高——这位尝尽了世间的人情冷暖的孤独贫困的艺术家，便在苦难中凄惨地辞别了人世。这个可怜的画家，他仅仅活了三十七岁！

凡·高生前的绘画成就始终没有得到世人的承认，但他死后，所留下的作品却成了整个世界的艺术珍品。

更没有人会想到，1886年冬天的那个黄昏，他那幅仅仅卖了五个法郎的静物画，在若干年之后，在巴黎的一家拍卖行的第九号画廊里，有人出价数千法郎买下了它！

至理箴言

善良的心地，就是黄金。

——莎士比亚

一万英镑与八万英镑

有一位富有的英国老头儿，他有一幢非常漂亮的住宅，他住在里面大半辈子了，这幢房子可以称得上是老头儿最珍爱的东西了。

如今老头儿已经很老了，他无儿无女，孤苦伶仃一个人，并且身体状况也一天比一天糟糕，他已经照顾不了自己，他不能再一个人住在他最心爱的房子里了。于是老头儿不得不搬到养老院里去住，他那心爱的漂亮住宅也即将被拍卖，老头儿心里难过极了，可是他也无可奈何。购买者闻讯蜂拥而至，住宅底价八万英镑，但人们很快就将它炒到十万英镑了，价钱还在不断攀升。

在拍卖会的现场，老头儿独自坐在沙发里，满面愁容。他在这幢住宅里生活的点点滴滴都历历在目，是啊，在这幢房子里有多少美好的回忆啊。如果不是身体不佳，需要人照顾，他是不会卖掉这幢陪他度过大半生的住宅的。而现在，他就要离开它了，他心里充满了不舍和留恋。

老头儿漠然地听人们高声喊着价，心中充满了伤感。这时候，一个衣着朴素的青年来到老人眼前，弯下腰，低声说："先生，我也好想买下这幢住宅，可我只有一万英镑。"

"但是，它的底价就是八万英镑啊。"老人淡淡地说，"现在它已升到十万英镑了。"

青年并不沮丧，诚恳地说："如果您把住宅卖给我，我保证会让您依旧生活在这里，和我一起喝茶、读报、散步，天天都快快乐乐的——相信我，我会用整颗心来关爱您！"

老人望着青年，看到青年真诚的眼神，不禁颔首微笑。

隔了一会儿，老人站起来，挥手示意人们安静下来："朋友们，这幢住宅的新主人已经产生了。"老人拍着青年的肩膀,说:"就是这个小伙子!"

■ **至理箴言**

爱是自然而来的,不是买得到的。　　——朗费罗

❖ 比金子还贵重的东西

在非洲一片茂密的丛林里走着四个瘦得只剩皮包骨的男子,他们带着一只沉重的箱子,在茂密的丛林里艰难地往前走着。

这四个人是:巴里、麦克里斯、约翰斯、吉姆,他们是跟随队长马克格夫进入丛林探险的。马克格夫曾答应给他们优厚的工资。但是,在任务即将完成的时候,马克格夫不幸得了病而长眠在丛林中。

这个箱子是马克格夫临死前亲手制作的。他十分诚恳地对四人说道:"我要你们向我保证,一步也不离开这只箱子。如果你们把箱子送到我朋友麦克唐纳教授手里,你们将分得比金子还要贵重的东西。我想你们会送到的,我也向你们保证,比金子还要贵重的东西,你们一定能得到。"

埋葬了马克格夫以后,这四个人就上路了。但密林的路越来越难走,箱子似乎越来越沉重,而他们的力气却越来越小了。

他们像囚犯一样在泥潭中挣扎着。一切都像在做噩梦,而只有这只箱子是实在的,是这只箱子在支撑着他们的身躯!否则他们全都会倒下了。他们互相监视着,不准任何人单独乱动这只箱子。

在最艰难的时候,他们想到了未来的报酬,当然,那是比金子还重要的东西……

终于有一天,绿色的屏障突然拉开,他们经过千辛万苦终于走出了丛林。四个人急忙找到麦克唐纳教授,迫不及待地问起应得的报酬。

教授似乎没听懂,只是无可奈何地把手一摊,说道:"我是一无所有啊,噢,或许箱子里有什么宝贝吧。"

于是当着四个人的面,教授打开了箱子。大家一看:都傻了眼,满满一箱无用的木头!

"这开的是什么玩笑?"约翰斯说。

"屁钱都不值,我早就看出那家伙有神经病!"吉姆吼道,"比金子还贵重的报酬在哪里?我们上当了!"

麦克里斯愤怒地嚷着。

此刻,只有巴里一声不吭,他想起了他们刚走出的密林里,到处是探险者的白骨,他明白如果没有这只箱子,他们四人或许早就倒下去了……巴里站起来,对伙伴们大声说道:"你们不要再抱怨了。我们真的得到了比金子还贵重的东西,那就是生命!"

至理箴言

没有比生命更宝贵的东西,生命想象不到地短暂。——杜伽尔

◆ 送给最需要的人

有一个生意失败的人,在他最穷困落魄的时候,有一个朋友送给了他一枚昂贵的金戒指。凭着这枚戒指,他暂时渡过了难关。

经过一段时间的努力和奋斗,他又恢复了原来的富有。

为了感谢那位朋友当年的资助,他特地去买了一枚更大的戒指,想要回报他。

但是那人却婉拒了，并且对他说："过去我曾落魄过，接受过别人一枚戒指的资助。当我生活改善时，也买了枚戒指要还给他，但对方却说：'你把它送给最需要的人吧！'如今，你也把这枚戒指赠给那些有需要的人吧！"

■至理箴言

没有感恩就没有真正的美德。

——卢梭

❖ 微笑是有价值的

在美国加州有一位六岁的小女孩，她在一次偶然的机会中，遇到一个陌生的路人，这个陌生人一下子给了她四万美元的现款。

一个小女孩突然得到这么大金额的馈赠，消息一传出去，整个加州都骚动起来。

记者纷纷找上门来，采访这个小女孩："小妹妹，你在路上遇到的那位陌生人，你认识他吗？他是你的一位远房亲戚吗？他为什么会给你那么多的钱？四万美元，那是一笔很大的数目啊！那位给你钱的先生，他是不是脑子有问题……"

小女孩露出甜美的微笑，回答："不，我不认识他，他也不是我的什么远房亲戚，我想……他脑子应该也没有问题！为什么给我这么多钱，我也不知道啊……"尽管记者用尽一切方法追问，仍然没有什么办法一探究竟。

最后，小女孩的邻居和家人试着用小女孩熟知的方法来引导她，要她回想一下，为什么那个路人会给她这么多钱。

这个小女孩努力地想了又想，约莫过了十分钟，她若有所悟地告诉父亲："就在那一天，我刚好在外面玩，在路上碰到那个人，当时我对他笑了笑,就只是这样呀!"

父亲接着问道:"那么,对方有没有说什么话呢?"

小女孩想了想,答道:"他好像说了句'你天使般的微笑,化解了我多年的苦闷!'爸爸,苦闷是什么东西啊,为什么我的微笑可以化解他的苦闷?"

原来,那个路人是一个富豪,一个非常有钱但是又非常不快乐的有钱人。在他的脸上挂着冷酷而严肃的表情,整个小镇根本没有人敢对着他笑。当他偶然遇到这个小女孩,小女孩对他露出的真诚的微笑,使他的心中不自觉地温暖起来,也打开了他封闭多年的心门。

于是,富豪给了小女孩四万美元,这是他对那时候他所拥有的那种感觉作出的回报。

至理箴言

金钱可以买"娱乐";但不能买"快乐"。　　——萨克雷

❖ 帮助别人会给自己带来好运

在美国,柏年的律师事务所刚开业时,连一台复印机都买不起。移民潮一浪接一浪地涌进美国的丰田沃土时,他接了许多移民的案子,常常深更半夜被唤到移民局的拘留所领人,还不时地在黑白两道间周旋。他开一辆掉了漆的本田车,在小镇间奔波,兢兢业业地做着职业律师。终于媳妇熬成了婆,他的办公室变大了,他也聘请了专职秘书及办案人员,气派地开起了奔驰车,处处受到礼遇。

然而,天有不测风云,一念之差,他将资产投资股票,几乎亏尽。更不巧的是,移民法又再次修改,职业移民名额消减,他的事业顿时一落千丈。他想不到从辉煌到倒闭几乎只在一夜之间。这时,

他收到了一封信，是一家公司总裁写的：愿意将公司百分之三十的股权转让给他，并聘他为公司和其他两家公司的终身法人代理。他不敢相信自己的眼睛。

他找上门去，总裁是个四十开外的波兰裔中年人。"还记得我吗？"总裁问。

他摇了摇头，总裁微微一笑，从硕大的办公桌的抽屉里拿出一张皱巴巴的五美元汇票，上面还有一张名片印着柏年律师的地址、电话。他实在想不起还有这样一桩事情。

"十年前，"总裁开口了，"我在移民局排队办工卡，排到我时，移民局已经快关门了。当时，我不知道工卡的申请费用涨了五美元，移民局不收个人支票，我又没有多余的现金，如果我那天拿不到工卡，雇主就会另雇他人了。这时，是你从身后递了五美元上来，我要你留下地址，好把钱还给你，你就给了我张名片。"

他也渐渐回忆起来了，但是仍将信将疑地问："后来呢？"

"后来我就在这家公司工作，很快我就发明了两个专利。我到公司上班后的第一天就想把这张汇票寄出，但是一直没有。我单枪匹马来到美国闯天下，经历了许多磨难。这五块钱改变了我对人生的态度，所以，我不愿轻易地寄出这张汇票。"

■ 至理箴言

感恩是精神上的一种宝藏。　　　　　　　　　　——洛克

❖ 眼看就要成交

一次，某位名人来向美国汽车推销之王乔·吉拉德买车，吉拉德给他推荐了一种最好的车型，那人对车很满意，并掏出一万美元

现钞，眼看就要成交了，对方却突然变卦离去。

乔为此事懊恼了一下午，百思不得其解。到了晚上十一点他忍不住打电话给那人："您好！我是乔·吉拉德，今天下午我曾经向您介绍一部新车，眼看您就要买下，却突然走了。"

"喂，你知道现在是什么时候吗？"

"非常抱歉，我知道现在已经是晚上十一点钟了，但是我检讨了一下午，实在想不出自己错在哪里了，因此特地打电话向您讨教。"

"真的吗？"

"肺腑之言。"

"很好！你用心在听我说话吗？"

"非常用心。"

"可是今天下午你根本没有用心听我说话。就在签字之前，我提到犬子吉米即将进入密歇根大学念医科，我还提到他的学科成绩、运动能力以及他将来的抱负，我以他为荣，但是你毫无反应。"

乔不记得对方曾说过这些事，因为他当时根本没有注意。乔认为已经谈妥那笔生意了，因此无心再听对方说什么。这就是乔失败的原因。那人除了买车，更需要得到对一个优秀儿子的称赞。

■ 至理箴言

　　赞扬，像黄金钻石，只因稀少而有价值。——塞缪尔·约翰逊

◆ 爱心比金钱更重要

阿根廷著名的高尔夫球手罗伯特·德·温森多有一次赢得一场锦标赛，领到支票后，他微笑着从记者的重重包围中出来，准备开车回俱乐部。这时候，一个年轻的女子向她走来，她向温森多表示

祝贺后，又说她可怜的孩子病得很重——也许会死掉，而她却不能支付昂贵的医药费和住院费。

温森多听完她的讲述，二话没说，掏出那笔刚赢得的支票，飞快地签了名，然后塞给那个女子。

"这是这次比赛的奖金，祝可怜的孩子走运。"他说道。

一个星期后，温森多正在一家乡村俱乐部吃午餐，一位职业高尔夫球联合会的官员走过来，问他一周前是不是遇到一位自称孩子病得很重的年轻女子。

温森多点了点头。

"哦，对你来说这是个坏消息。"官员说道，"那个女人是个骗子，她根本就没有什么病得很重的孩子，她甚至还没有结婚哩！温森多——你让人给骗了！我的朋友。"

"你是说根本就没有一个孩子病得快死了？"

温森多长舒了一口气。

"这真是我一个星期来听到的最好的消息。"温森多说。

■ 至理箴言

　　爱是生命的火焰，没有它，一切变成黑夜。　　——罗曼·罗兰

◆ 最宝贵的财富

在一个黄昏，静静的渡口来了四个人，一个富人，一个当官的，一个武士，还有一个诗人。他们都要求老船公把他们渡过去。老船公捋着胡子："把你们的特长说出来，我就摆渡你们过去。"

富人掏出大把的银子说："我有的是钱。"当官的不甘示弱："你要摆渡我过河，我可以让你当一个县官。"武士急了："我要过

河，否则……"说着扬扬握紧的拳头。"你呢?"老船公问诗人。"唉，我一无所有，可我如不赶回去，家中的妻子儿女一定会急坏的。"

"上船吧!"老船公挥了挥手，"你已经显示了你的特长，这是最宝贵的财富。"

诗人疑惑着上了船："老人家，能告诉我答案吗?""你的一声长叹和你脸上的忧虑是你最好的表白，"老人一边摇船一边说，"你的真情流露是四人中最宝贵的。"

至理箴言

金钱可以是许多东西的外壳，却不是里面的果实。——易卜生

◆ 圣诞愿望

新年临近，邮局工作人员罗茜在阅读所有寄给圣诞老人的一千封信件时，发现只有一名叫约翰·万古的十岁儿童在信中没有向圣诞老人要他自己的礼物。

信中写道："亲爱的圣诞老人，我想要的、唯一的礼物是给我妈妈的一辆电动轮椅。她不能走路，两手也没有力气，不能再使用那辆两年前慈善机构赠送的手摇车。我是多么希望她能到室外看我做游戏呀！你能满足我的愿望吗？爱你的约翰·万古。"

罗茜读完信，禁不住落下泪来。她立即拿起了电话。她打电话给加州雷得伦斯市一家名为"行动自如"的轮椅供应商，商店的总经理袭迪·米伦达又与位于纽约州布法罗市的轮椅制造厂取得了联系。这家公司当即决定赠送一辆电动轮椅，而且在星期四送到，并在车身上放了一个庆祝圣诞的红蝴蝶结。

星期五，这辆价值三千美元的轮椅送到了万古和他妈妈居住的小公寓门前。在场的有十多位记者和许多前来祝福的邻居。

　　万古的妈妈哭了。她说道："这是我度过的最美好的圣诞节。今后，我不用终日困在家中了。"

　　赠送轮椅的公司代表奈克·彼得斯说："这是一个一心想到妈妈而不只是自己的孩子。我们觉得应该为他做些事。有时，金钱并不意味着一切。"

　　邮局工作人员同时给他们送来食品以及显微镜、喷气飞机模型、电子游戏等礼物。万古把其中一些食品装在匣内，包起来送给楼下的邻居。

　　对此，万古解释说："把东西送给那些有需要的人，会使他们感到快乐。妈妈说，应该时时如此，也许，天使就是这样来考验人们的。"

至理箴言

　　母亲是没有什么东西可以代替的。　　　　　　——巴金

爱的礼物

　　爱德华先生是个成功而忙碌的银行家。由于成天跟金钱打交道，不知不觉，爱德华先生养成了喜欢用钱打发一切的习惯，不仅在生意场上，对家人也如此。他在银行为妻子儿女开设了专门的户头，每隔一段时间就拨大笔款额供他们消费；他让秘书去选购昂贵的礼物，并负责在节日或者家人的某个纪念日送上门。所有事情就像做生意那样办得井井有条，可他的亲人们似乎并没有从中得到他所期望的快乐。时间久了他自己也很委屈：为什么我花了那么多钱，可

他们还是不满意，甚至还对我有所抱怨？

爱德华先生订了几份报纸，以便每天早晨可以浏览到最新的金融信息。原先送报的是个中年人，不知何时起，换成了一个十来岁的小男孩。每天清晨，他骑单车飞快地沿街而来，从帆布背袋里抽出卷成筒的报纸，投到爱德华先生家的门廊下，再飞快地骑着车离开。

爱德华先生经常能隔着窗户看到这个匆忙的报童。有时，报童一抬眼，正好也望见屋里的他，还会调皮地冲他行个举手礼。见多了，就记住了那张稚气的脸。

一个周末的晚上，爱德华先生回家时，看见那个报童正沿街寻找着什么。他停下车，好奇地问："嘿，孩子，找什么呢？"报童回头认出他，微微一笑，回答说："我丢了五美元，先生。""你肯定丢在这里了？""是的，先生。今天我一直待在家里，除了早晨送报，肯定丢在路上了。"

爱德华先生知道，这个靠每天送报挣外快的孩子不会生长在生活优裕的家庭；而且他还可以断定，那丢失的五美元是这孩子一天一天慢慢攒起来的。一种怜悯心促使他下了车，他掏出一张五美元的钞票递给他，说："好了，孩子，你可以回家了。"报童惊讶地望着他，并没伸手接这张钞票，他的神情里充满尊严，分明在告诉爱德华先生：他并不需要施舍。

爱德华先生想了想说："算是我借给你的，明早送报时别忘了给我写一张借据，以后还我。"报童终于接过了钱。

第二天，报童果然在送报时交给爱德华先生一张借据，上面的签名是菲里斯。其实，爱德华先生一点儿都不在乎这张借据，不过他倒是关心小菲里斯急着用五美元干什么。"买个圣诞天使送给我妹妹，先生。"菲里斯爽快地回答。

孩子的话提醒了爱德华先生，可不，再过一星期就是圣诞节了。遗憾的是，自己要飞往加拿大洽谈一项并购事宜，不能跟家人一起过圣诞节了。

晚上，一家人好不容易聚在一起吃饭时，爱德华先生宣布道："下星期，我恐怕不能和你们一起过圣诞节了。不过，我已经交代秘书在你们每个人的户头里额外存一笔钱，随便买点儿什么吧，就算是我送给你们的圣诞礼物。"

饭桌上并没有出现爱德华先生期望的热烈，家人们都只是稍稍停了一下手里的刀叉，相继对他淡淡地说了一两句礼貌的话以示感谢。爱德华先生心里很不是滋味。

星期一早晨，菲里斯照例来送报，爱德华先生却破例走到门外与他攀谈。他问孩子："你送妹妹的圣诞天使买了吗？多少钱？"

菲里斯点头微笑道："一共四十八美分，先生。我昨天先在跳蚤市场用四十美分买下一个旧芭比娃娃，再花八美分买了一些纱、绸和丝线。我同学拉瑞的妈妈是个裁缝，她愿意帮忙把那个旧娃娃改成一个穿漂亮纱裙、长着翅膀的小天使。要知道，那个圣诞天使完全是按童话书里描述的样子做的——我妹妹最喜欢的一本童话书。"

菲里斯的话深深触动了爱德华先生，他感慨道："你多幸运，四十八美分的礼物就能换得妹妹的欢喜。可是我呢，即便付出了比这多得多的钱，得到的不过是一些不咸不淡的客套话儿。"

菲里斯眨眨眼睛，说："也许是他们没有得到所希望的礼物？"爱德华先生皱皱眉头，他根本不知道他的家人想要什么样的圣诞礼物，而且似乎从来也没有询问过，因为他觉得给家人钱，让他们自己去买也是一样的。他不解地说道："我给他们很多钱，难道还不够吗？"菲里斯摇头道："先生，圣诞礼物其实就是爱的礼物，不一定要花很多钱，而是要送给别人希望得到的东西。"

菲里斯沿着街道走远了，爱德华先生还站在门口，沉思好久好久才转身进屋。屋子里早餐已经摆好了，妻子儿女们正等着他。这时，爱德华先生没有像平时那样自顾自地边喝牛奶边看报纸，而是对大家说："哦，我已经决定取消去加拿大的计划，想留在家里跟你们一起过圣诞节。现在，你们能不能告诉我，你们心里最希望得到什么样的圣诞礼物呢？"

至理箴言

　　金钱可以买房屋，但不能买家庭。　　　　　　——萨克雷

❖ 永恒的富翁

　　古代以色列经常遭受战乱，以色列人民过着流离失所的生活。有一个以色列人临死前把两个孪生儿子叫到跟前，对他们说："我快死了。我有一大笔遗产要留给你们，我希望你们能好好地生活，并为以色列留下堪称永恒的东西。"说完，他就与世长辞了。

　　两兄弟得到父亲留下的遗产，成为富有的人，哥哥叶胡扎不忍眼看着本民族的同胞在水深火热中生活，便尽其所得的遗产接济穷人、灾民和无家可归的孤儿。没过多久，他就一贫如洗，也无家可归了。弟弟从不向任何人提供帮助，他觉得要得到父亲所说的"永恒"，那就造一座坚固而又豪华的花园楼房。

　　花园楼房造好了，弟弟想："我老了，把房子传给我的儿子，儿子可以再传给孙子……子子孙孙是没有穷尽的，这样就有了'永恒'。"正巧，成了贫民的哥哥，从弟弟的门前走过，弟弟非但不帮助哥哥，反而讥讽道："你的钱呢？你的金银财宝呢？你帮助别人可自己却成了叫花子，你什么都没有留下，怎么得到'永恒'，怎么对得起死去的父亲……而我虽然吝啬，但现在应有尽有，你看看我这座花园，看看我的楼房！我有了享用不尽的财富，一辈子快乐得像个小皇帝……"

哥哥说："我把钱财奉献给受苦受难的同胞，与他们同甘苦共患难，日子虽然过得苦一些，互相帮助，共同去战胜苦难，建立起一座友爱的'花园'，难道不比你的花园更美好吗？你的花园再好，只能是大地的沧海一粟，你的财富再多，也只能是海洋中的一滴。"几年后，一场狂风暴雨席卷了他们的家乡，顷刻之间，弟弟的花园楼房被摧毁了，洪水又冲走了他所有的财产，弟弟成了流浪汉。

过了几年，花园楼房的废墟隐没在荒草之中，又过了好多年，连当地人都不知道那里曾有过一座豪华的花园楼房，当然，也不知道那里住过一个想要得到"永恒"的富翁。

但是，在《塔木德》中却记载着一个人的美德，以色列人民会永远传诵并记住他的名字：叶胡扎。

至理箴言

自有者,珍惜自己的人格;自私者,珍惜身外的金钱。 ——佚名

死去的人才没有希望

有一个富人，他害怕死后自己的财产对他毫无用处。朋友们建议他做些善事，这样当他有罪的时候，他的善举就会保护他。他决定接受朋友们的劝告，送给别人一些礼物。然而，他不会给所有的人，而只会给那些对生活毫无希望的人。

一天，他看到有个衣衫褴褛的人坐在一堆垃圾上。他认为这个人肯定是完全放弃了对生活的希望，就给了这个人一百枚金币。这个穷人惊呆了，他问这个富人为什么从全城的穷人中选中了他而且送给他这么多钱。

富人告诉他说，自己曾经发誓只给那些对生活完全绝望的人送礼物。听了这句话，穷人抓住那一百枚金币扔给富人，弄得富人狼狈不堪。

富人埋怨穷人不仅没有对他心怀感激，还侮辱了他。

穷人回答说，因为富人给予的礼物不是出于善心，恰恰相反，这个礼物实在太恶毒了。只有死人才对生活没有希望。所以富人给的这份礼物简直就是死亡。

■ 至理箴言

生活于愿望之中而没有希望，是人生最大的悲哀。　——但丁

第五辑

没有思想上的清白，也就不能够拥有金钱的廉洁。

——巴尔扎克

诚信是金

有一对夫妻，下岗后开了家烧酒店，自己烧酒自己卖，也算有条活路。

丈夫是个老实人，为人真诚、热情，烧制的酒被人称为"小茅台"。有道是"酒香不怕巷子深"，酒店生意兴隆，常常是供不应求。

看到生意如此之好，夫妻俩便决定把挣来的钱投进去，再添置一台烧酒设备，扩大生产规模，增加酒的产量。这样，一可满足顾客需求，二可增加收入，早日致富。

这天，丈夫外出购买设备，临行之前，把酒店的事都交给了妻子，叮嘱妻子一定要善待每一位顾客，诚实经营，不要与顾客发生争吵……

一个月以后，丈夫外出归来。妻子一见丈夫，便按捺不住内心的激动，神秘兮兮地说："这几天，我可知道了做生意的秘诀，像你那样永远发不了财。"

丈夫一脸愕然，不解地说："做生意靠的是信誉，咱家烧的酒好，卖的量足，价钱合理，所以大伙才愿意买咱家的酒，除此还能有什么秘诀。"

妻子听后，用手指着丈夫的头，自作聪明地说："你这榆木脑袋，现在谁还像你这样做生意，你知道吗？这几天我赚的钱比过去一个月挣的还多。秘诀就是，我给酒里兑了水。"

丈夫一听，肺都要气炸了，他没想到，妻子竟然会往酒里兑水，他冲着妻子就是重重的一记耳光。他知道妻子这种坑害顾客的行为，将他们苦心经营的酒店的牌子砸了，他知道这将意味着什么。

从那以后，尽管丈夫想了许多办法，竭力挽回妻子给酒店信誉所带来的损害，可"酒里兑水"这件事还是被顾客发现了，酒店的生意日渐冷清，后来就不得不关门停业了。

至理箴言

要我们买他的诚实，这种人出售的是他的名誉。　　——沃夫格

❖ 拾金不昧的人会得到奖赏

四十六岁的保琳·尼科，曾是一个批发仓库的保管员，她的丈夫、四十四岁的汤姆，曾是一个百货批发商。后来，他们失业了，他们俩与儿子约森艰难度日。因为没有钱，他们随时都可能失去他们的汽车。

这年冬天，保琳在洛杉矶郊外布纳公园的林阴道上捡到一个票夹子，夹子里装有一张信用卡，一张去新英格兰的飞机票，还有现金约两千四百美元。

"当时我想把其中的钱拿走,"保琳后来回忆说,"但这仅仅是一闪而过的念头。"与此相反,她把票夹子里面的所有东西一并交给了附近的一个警察局,最后,票夹子的主人失而复得。保琳的诚实品质很快就传出来,一个慈善组织对她进行了表彰和奖励。

保琳得到了多于她工作报酬十倍的收入,她还得到一间住宅公寓为期六个月的免费居住权。一个不知名的捐款者还定期为他们支付汽车费用,另有一些人馈赠她现金。一对年事已高的夫妇还到保琳交返票夹子的警察局,询问票夹子里曾有多少钱。当他们被告知确切数额后,那位先生说:"这也就是他们应该得到的数目。"说完签了一张两千四百美元的支票。

在一个新闻发布会上,泪流满面的保琳说:"这件事对我们来说简直不可思议,我们所得到的馈赠大大超过了票夹子里的东西。"

至理箴言

诚实是人生的命脉,是一切价值的根基。　　——德莱

商人收养的孤女

三十年前,美国华盛顿一个商人的妻子,在一个冬天的晚上,不慎把一个皮包丢在了一家医院里。商人焦急万分,连夜去找。因为皮包内不仅有十万美金还有一份十分机密的市场信息。

当商人赶到那家医院时,他一眼就看到,清冷的医院走廊里,靠墙根蹲着一个冻得瑟瑟发抖的瘦弱女孩,她怀中紧紧抱着的正是他妻子丢的那个皮包。

原来,这个叫希亚达的女孩,是来这家医院陪病重的妈妈治病的。相依为命的娘俩家里很穷,卖了所有能卖的东西,凑来的钱还

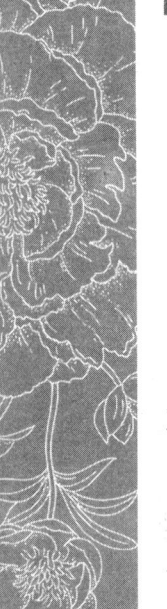

是仅够一个晚上的医药费。没有钱明天就得被赶出医院。晚上,无能为力的希亚达在医院走廊里徘徊,她天真地想求上帝保佑,能碰上一个好心人救救她的妈妈。

突然,一个从楼上下来的女人经过走廊时腋下的一个皮包掉在了地上,可能是她腋下还有别的东西,皮包掉了竟毫无知觉。当时走廊里只有希亚达一个人。她走过去捡起皮包,急忙追出门外,那位女士却上了一辆轿车扬长而去了。

希亚达回到病房,当她打开那个皮包时,娘俩都被里面成沓的钞票惊呆了。那一刻,她们心里都明白,用这些钱可以治好妈妈的病。妈妈却让希亚达把皮包送回走廊去,等丢皮包的人回来取。妈妈说,丢钱的人一定很着急。人的一生最该做的就是帮助别人,急他人所急;最不该做的是贪图不义之财,见财忘义。

她们母女俩不仅帮商人挽回了十万美元的损失,更主要的是那份失而复得的市场信息,使商人的生意如日中天,不久就成了大富翁。

希亚达的母亲去世后,商人收养了希亚达,她读完大学就协助富翁料理商务。虽然富翁一直没委任她任何实际职务,但在长期的磨炼中,富翁的智慧和经验潜移默化地影响了她,使她成了一个成熟的商业人才。到富翁晚年时,他的很多意向都要征求希亚达的意见。

富翁临危之际,留下一份令人惊奇的遗嘱:在我认识希亚达母女之前我就已经很有钱了。可当我站在贫病交加、拾巨款而不昧的母女面前时,我发现她们最富有,因为她们恪守着至高无上的人生准则,这正是我作为商人最缺少的。在认识她们之前,我的钱几乎都是靠尔虞我诈、明争暗斗得来的,是她们使我领悟到了人生最大的资本是品行。我收养希亚达既不为知恩图报,也不是出于同情,而是请了一个做人的楷模。有她在我的身边,生意场上我会时刻铭记,哪些该做,哪些不该做,什么钱该赚,什么钱不该赚。

这就是我后来的事业兴旺发达的根本原因，我成了亿万富翁。我死后，我的亿万资产全部留给希亚达继承，这不是馈赠，而是为了我的事业能更加辉煌昌盛。我深信，我聪明的儿子能够理解爸爸的良苦用心。

富翁在国外的儿子回来时，仔细看完父亲的遗嘱，立刻毫不犹豫地在财产继承协议书上签了字：我同意希亚达继承父亲的全部资产，只请求希亚达能做我的夫人。

希亚达看完富翁儿子的签字，略一沉吟，也提笔签了字：我接受先辈留下的全部财产——包括他的儿子。

■ 至理箴言

聪明人看到别人的毛病，就把自己的毛病改过来了。

——普卜利西尔

揭　短

美国亨利食品加工工业公司总经理亨利·霍金斯先生突然从化验室的报告单上发现，在他们生产食品的配方中，起保质作用的添加剂有毒，虽然毒性不大，但长期食用对身体有害。但如果不用添加剂，又会影响食品的鲜度。

亨利·霍金斯考虑了一下，他认为应坦诚对待顾客，决定把这一有损销量的事情告诉每位顾客，于是，他当即向社会宣布，防腐剂有毒，对身体有害。

这一下，霍金斯面临着很大的压力，食品销路锐减不说，所有从事食品加工的老板都联合了起来，用一切手段向他反扑，指责他别有用心，打击别人，抬高自己，他们一起抵制亨利公司的产品。

亨利公司一下子跌到了倒闭的边缘。

苦苦挣扎了四年之后，亨利·霍金斯已经倾家荡产，但他的名声却家喻户晓。这时候，政府站出来支持霍金斯了。霍金斯公司的产品又成了人们放心满意的热门货。

亨利公司在很短时间里便恢复了元气，规模比先前扩大了两倍。亨利·霍金斯一举登上了美国食品加工业的头把交椅。

至理箴言

错误经不起失败，但是真理却不怕失败。　　——泰戈尔

◆ 名誉无价

曾经有一位将军，他为保卫国家而立下了不少汗马功劳，为了奖赏他，皇上把一座府邸赐给他做将军府。将军年轻的时候，长年在外，不是打仗就是驻守在边疆。慢慢地，将军老了，新上任的皇上恩准他可以不管朝中的事情，让他回到将军府中安享晚年。

在将军府的右边是一间空了很多年的房子，老将军想把它买下来。但是，遗憾的是，这间房子的主人是一个非常顽固的老人。虽然他现在并没有住在这间房子里，但是，他坚持不把房子卖给将军。因为，他不想让别人说是害怕将军的威名才把房子卖出去的。他甚至说："如果是别人要买，我会二话不说地卖给他，但将军要买，我永远都不会卖。"

这话传到将军的耳朵里，将军听了，只不过是淡然一笑。他手下的人看不过去，都说要给老人一点教训，将军阻止了他们，还警告他们不准动老人一下。

那个老人已经到了古稀之年了，留着那座房子也没有什么用，

而老人又没有什么后人，这座房子就一直就那么空着。将军看着那座空房子，常常觉得惋惜。

突然有一天，那位老人亲自来到将军府，恳切地对将军说："将军，请原谅我以前说过的话，恕我愚昧，以前听信了别人的谗言，不知道将军是一位护国的大功臣。如果现在您还想买下我这个房子的话，我将把它卖给您。"

将军并没有回答这位老人的话，只是关切地询问老人说："你曾经是那么地珍视这座房子，为什么现在却舍得把它卖掉呢？是不是生活有了什么困难，如果是生活中有什么困难，尽管开口。只是这所房子是你祖上留下来的，能不卖还是别卖了吧。"

老人被将军的宏大胸怀打动了，说："以前我只知道您是一个将军，但是我不知道您就是那个大名鼎鼎的护国功臣。现在知道了，我心甘情愿地把这座房子卖给您。而且我也没什么后人，一旦我不在了，那么这座房子就会被官府卖掉。到时候，您再想买，房子的主人一定会向您漫天要价的。"虽然老人说得十分诚恳，但是将军还是没有买下那座房子。

送走了老人，手下的人问他为什么不把房子买下，将军说："这位老人现在想把房子卖给我，只不过是因为他知道了我是那位护国的功臣而已，我不能这样做啊。"

又过了没多长时间，老人卧病在床，他托人来转告将军，说自己是诚心诚意要卖那所房子的，请将军一定要派人来谈这件事情。将军听了，想了又想，终于下定决心买下那座自己已经想了很久的房子。于是，他派了一个手下去和老人谈这件事情。

那个手下很快就兴冲冲地回来了。将军问："你用多少银子买了那座房子？"手下得意洋洋地说："本来那座房子值一千五百两，但是我只用了一千两就买下了，要不是将军您买这座房子，根本没有那么便宜的。"

将军一听，十分生气，立刻将那个手下训了一顿："你把我的名誉以区区五百两银子给卖了,马上给那位老人再送五百两去!"手下听了,立刻又带五百两给老人送去了。

■ **至理箴言**

显赫的名声是一种巨大的音响:其音愈高,其响愈远。

——拿破仑

◆ 人格魅力是一个人永恒的财富

有统计资料表明,现在美国有一万多间麦当劳店,一年的营业总额突破四十亿美元大关。拥有这两个数据的主人是一个叫琼森的人,英国麦当劳社名誉社长。麦当劳是闻名全球的连锁快餐公司,采用的是特许连锁经营机制,而要取得特许经营资格是需要具备相当财力和特殊资格的。

而琼森当时只是一个才出校门几年、毫无家族资本支持的打工一族,根本就无法具备麦当劳总部所要求的七十五万美元现款和一家中等规模以上银行信用支持的苛刻条件。只有不到五万美元存款的琼森,看准了美国连锁快餐文化在英国的巨大发展潜力,决意要不惜一切代价在英国创立麦当劳事业,于是绞尽脑汁东挪西借起来。事与愿违,五个月下来,只借到四万美元。面对巨大的资金落差,要是一般人,也许早就心灰意懒。然而,琼森却有一种迎难而上的勇气和锐气。

于是,在一个风和日丽的早晨,他西装革履满怀信心地跨进伦敦银行总裁的办公室。琼森以极其诚恳的态度,向对方表明了他的创业计划和求助心愿。在耐心细致地听完他的表述之后,银行总裁做出了"你先回去吧,让我再考虑考虑"的决定。

琼森听后,心里即刻掠过一丝失望,但马上镇定下来,他恳切地对总裁说了一句："先生，可否让我告诉你我那五万美元存款的来历呢？"总裁回答道："可以。"

"那是我六年来按月存款的收获，"琼森说道，"六年里，我每月坚持存下三分之一的工资，雷打不动，从未间断。在这六年中，无数次面对过度紧张或手痒难耐的尴尬局面，我都咬紧牙关，克制欲望，硬挺了过来。我早就立下宏愿，要以十年为期，存够十万美元，然后自创事业，出人头地。现在机会来了，我一定要提早开创事业……"琼森一口气讲了十分钟，总裁越听神情越严肃，并向琼森问明了他存钱的那家银行的地址，然后对琼森说："好吧，年轻人，我下午就会给你答复。"

送走琼森后，总裁立即驱车前往那家银行，亲自了解琼森存钱的情况。柜台小姐了解总裁的来意之后，说了这样几句话："哦，是问琼森先生啊！他可是我接触过的最有毅力、最有礼貌的一个年轻人。六年来，他真正做到了风雨无阻地准时来我这里存钱。老实说，这么严谨的人，我真是要佩服得五体投地了！"听完小姐介绍后，总裁大为动容，立即打通了琼森家里的电话，告诉他伦敦银行可以毫无条件地支持他创建麦当劳事业。

■ **至理箴言**

真诚才是人生最高的美德。　　　　　　　　　　——乔叟

❖ 信用是一种财富

有一年夏天，沃夫的父亲叫他去为自己的农场买些铁丝和修栅栏用的木材。当时沃夫十六岁，特别喜欢驾驶自家那辆"追猎"牌小货车。

但是这一次他的情绪可不是那么高,因为父亲要他去一家商店赊货。

十六岁是满怀傲气的年龄,一个年轻人想要得到的是尊重而不是怜悯。当时是1976年,美国人的生活中到处仍笼罩着种族主义的阴影。沃夫曾亲眼目睹过自己的朋友在向店老板赊账时屈辱地低头站着,而商店的老板则趾高气扬地问他是否有偿还能力。沃夫知道,像他这样的黑人青年一走进商店,售货员就会像看贼一样地盯着他。沃夫的父亲是个非常守本分的人,从来没有欠账不还的情况。但谁知道别人会不会相信他们?

沃夫来到里维斯百货商店,只见老板巴克·里维斯站在出纳机后面,正在与一位中年人谈话。老板是位高个子男人,看上去饱经风霜。沃夫走向五金柜台时,慌张地对老板点了点头。沃夫花了很长时间选好了所需要的商品,然后有点胆怯地拿到出纳机前。他小心地对老板说:"对不起,里维斯先生,这次我们得赊账。"

那个先前和里维斯谈话的中年人向沃夫投来轻蔑的一瞥,脸上露出了鄙夷的神色。然而里维斯先生的表情却没有任何变化,他很随和地说:"没问题,你父亲是一位讲信用的人。"说着,他又转向中年人,手指着沃夫介绍道:"这是詹姆斯·威廉斯的儿子。"

至理箴言

信用既是无形的力量,也是无形的财富。 ——松下幸之助

❖ 老板的考验

阿瑟因·佩拉托雷是美国曼哈顿航运公司的老板。至今,他仍然记得在他十岁时发生的一件事。

那年，正是经济大萧条时期，他在一辆大运货卡车上工作，每天要向一百家商店递送特别食品，干十二小时的工作只能挣到一个三明治、一杯饮料和五十美分。

一天，他在桌子底下拾到了十五美元并把它交给了老板。老板拍着他的双肩说，钱是他故意放在那里的，想看看他是否值得信任。后来，佩拉托雷一直为他工作到上完高中，他的诚实使他在美国经济最困难的时期保住了自己的工作。

■ 至理箴言

走正直诚实的生活道路，必定会有一个问心无愧的归宿。

——高尔基

打不开的财富之锁

有一个老锁匠，技艺高超，一生开锁无数。他为人正直，他把自己的姓名和地址告诉每个修锁的人，说："如果你家有贼进入，只要是用钥匙打开的家门，你来找我！"

老锁匠渐渐老了，为了让他后继有人，他有心物色徒弟。最后老锁匠将一身技艺传给了两个年轻人。

过了一年，两个年轻人有了一手技艺但他们两人只能有一个能得到真传，老锁匠决定用一次考试来确定人选。

老锁匠拿来两个保险柜，分放在两个房间，让两个徒弟去打开。看谁花的时间短。结果大徒弟只用了半个小时就完成任务，众人都觉得大徒弟必胜无疑。老锁匠问大徒弟："保险柜里装的是什么？"大徒弟顿时两眼放光："有很多钱，全是百元大钞。"老锁匠转过脸问二徒弟，他支吾了半天说："师傅，我没看，您只让我开锁，我就打开了锁，但没往里看。"

老锁匠很欣慰，郑重宣布二徒弟为他的真传弟子。大徒弟不甘心，众人也很纳闷，老锁匠微微一笑："人行事都要讲一个'信'字，尤其是开锁这个活计，更需要高尚的品格。我是要把徒弟培养成一个技艺高超的锁匠，他心中只能有锁而不能有任何贪念，否则一点点贪欲，会使他私心膨胀，登门入室或打开保险柜对他来说易如反掌。这对别人不负责，对自己更不负责。修锁的人，心中要有一把永远不能打开的锁。"

■ 至理箴言

没有思想上的清白，也就不能够拥有金钱的廉洁。

——巴尔扎克

❖ 贪婪的人偷窃自己

这是一家小小的杂货店，故事发生的时间是 1887 年。一个年约六十多岁的高贵绅士在杂货店购买东西，女营业员的手恰好是湿湿的，她在接过二十美元纸币时，注意到纸钞上掉色的墨汁落到她的手上。

她感到震惊，并且停下来考虑到底怎么办才好。她内心里挣扎了一阵，就做出了决定。这位顾客是爱曼纽·宁格，是她的一位老朋友、邻居。她心想，他应该不会给她一张伪钞，所以她就找钱让他离开了。

在 1887 年，二十美元是一笔不小的数目。她就把钱拿去给警方鉴定。有一位警察很自信地肯定这并非伪钞，其他的警察则对墨汁为什么会掉落感到困惑。在好奇心和责任感的驱使下，他们搜查了宁格先生的家，在他的阁楼里发现了印制二十元钞的设备。事实上，他们发现了一张正在印的二十元钞票，还发现了三张宁格先生画的肖像画。

宁格先生是一位优秀艺术家。他的造诣颇深，能用手绘制那些二十元伪钞。他画出这种能蒙过每个人的伪画，可惜他运气不好，那位杂货店店员的湿手使他露出了马脚。

被捕后，他的那三张肖像画公开拍卖时得款一万六千美元。值得讽刺的是，宁格先生用来画一张二十元伪钞所花的时间跟画一张五千美元的肖像所需的时间几乎是相同的。然而不管怎么说，这位聪明而又有天分的人却是一个小偷。可悲的是，被偷得最厉害的人正是宁格先生本人。如果他能合法地出售他的能力，不仅他会变成很有钱的人，而且在这一过程中，也会为他的同胞带来许多利益。当他试图去偷窃别人时，最大的失主却是自己。

还有一个颇不寻常的小偷叫贝利。他是20世纪20年代的珠宝大盗，闻名国际。他不仅是成功的珠宝大盗，而且也是艺术品鉴定专家。他所偷的对象都是有钱、有珠宝的上流社会的人士。能被这位绅士大盗光顾的，一定是社会上有身份地位的人。这使得警方十分难堪。

有一天晚上，贝利又去偷窃时，被击中三枪而被捕，并被判了十八年徒刑。他被释放后，再也不曾犯案，定居在新英格兰的一个小镇，过着一般人的规矩生活。

听说贝利这位著名的珠宝大盗还在人世，结果全国各地记者纷纷涌到这个小镇来采访他。他们问他各种问题。

有人问："贝利先生，你在当小偷的岁月中，偷了许多很有钱的人家，但我想知道，你偷得最多的人究竟是谁？"

贝利不假思索地说："我偷得最多东西的人就是贝利。我也许能成为一个最成功的商人，华尔街的大亨，或是对社会很有贡献的一分子，但是我却选择了过小偷的生活，而且还把我成年生活的三分之二的时间消耗在监狱中。"

贝利正是一个偷自己东西的小偷。

■ 至理箴言

　　金钱宝贵，生命更宝贵，时间最宝贵。　　——苏沃洛夫

◆ 谁偷了钻石

　　从前，巴黎有一家有名的珠宝行。一天，珠宝行老板菲比刚从印度回来，他这次印度之旅收获非常大，因为他采购到了一颗十分罕见的名贵钻石。消息传了开去，人人都想亲眼目睹这件绝世宝物。

　　这天，报社记者比尔、作家文森特和学者莱特一起来到珠宝行。菲比先生热情地接待了他们，并把三人领到陈列室内，拿出一个制作考究的檀木珠宝箱，珠宝箱上还贴着一张长长的封条。菲比先生撕开封条，打开箱子，从里面取出了钻石。精美的钻石闪烁着夺目的光芒，三人情不自禁地发出惊叹声和赞美声。欣赏完之后，菲比先生把钻石放回箱子，拿了一张新的封条，仔细地用糨糊把封条贴在了箱子上。

　　几个人走到客厅里坐下，仆人端来了咖啡，请客人们享用。菲比先生发现三位客人的手上都受了点小伤。比尔的中指被小刀割伤，他涂了红药水止血。文森特烫伤了食指，抹了烫伤药膏。莱特的大拇指被毒虫咬过，他擦了些碘酒。四人一起聊了很久，在这期间，三位客人都曾离开过客厅，但不久又回到了座位上。这时，菲比先生的好朋友、化学家维尔先生走了进来，他也是来欣赏这颗钻石的。于是，菲比先生又带着维尔去陈列室，但当他撕开封条，打开箱子时，发现钻石不见了！菲比先生惊呼一声，差点昏过去。维尔安慰

他道:"别着急,我会帮你把钻石找回来的。"说完,维尔拿着箱子和封条走进了客厅。他告诉客人,钻石丢失了,三人听后都露出了惊讶的表情。化学家紧紧地盯着三人的手指看,最后对莱特说:"你快把偷走的钻石拿出来!"

莱特慌乱地说:"你凭什么说是我偷了钻石?"

维尔指着封条上留下的黑色痕迹说:"这就是证据!看看你的拇指。"莱特低头一看,大拇指上涂着碘酒的地方,已经变成了黑色。维尔说:"当你取下封条的时候,手上的碘酒和封条上的糨糊碰在一起,发生了化学反应。黄色的碘酒变成了现在的黑色,并在封条和你的手指上留下了痕迹。"

莱特不得不承认了他的恶行。

至理箴言

金钱与贪欲,是最无道德的恶魔。　　　　　　　　——佚名

言而有信

东海里,海龟和章鱼同时发现了一颗水龙珠。于是,它们商议后决定,由海龟把这颗水龙珠拿到日本去出售,所得收入两人平分。

一年后,海龟背着鼓鼓囊囊的钱袋从日本归来,章鱼忙赶到海龟家。一番寒暄后,章鱼见海龟绝口不提分钱的事,心里很是吃惊,便忍不住问道:

"龟兄,那颗水龙珠卖了吗?"

"哦,卖了。我……"海龟说完,正准备转换话题时,章鱼紧追着问道:"那么,现在可以把我的那一半分给我吧。"

"什么?你的一半?哪来的你的一半?"海龟说完,不耐烦地挥

了挥手，示意章鱼走人。

"龟兄，那颗水龙珠是我们共同发现的，当时不是说好卖后所得的收入咱们俩平分吗？"

"你有什么证据证明，当初你也是水龙珠的发现者？"海龟理直气壮地反问章鱼。

"这……这……"章鱼为难地说，"龟兄，即使你不给我一半，给三分之一也行。再说，这一年，你的家人都是我照顾的呢。"

"你们都得到了它的照顾了吗？"海龟怒气冲冲地问自己的家人。

"没有！"海龟因一进门就与家人串通一气，因此，它的家人众口一词地回答道。

"你……你竟然见利忘义，不守信用，今后不会再有人与你们交往，与你们为友了。"章鱼说完，离开了海龟家。

从此以后，海龟一家便遭到众人的唾弃，它们羞愧得不敢抬头做人，一辈子只有缩头缩脑地生活。

至理箴言

财富不是一辈子的朋友，朋友却是一辈子的财富。　　——佚名

◆ 财富之外的追求

上帝要召见一位富翁，这位富翁有三个朋友，第一个是相知甚深的莫逆之交；第二个招人喜欢，但富翁与他相处，不如与第一个亲密；第三个倒是与他时常往来，却对他不大关心。

大限来时，富翁心中有些惊慌。于是他请三个朋友与他一起去见上帝。

他去请那个莫逆之交的朋友一同前往，结果遭到干脆的拒绝。

拒绝就是拒绝，连个理由都不用找。

他又去请第二个朋友，这第二个朋友倒还算爽快，说我陪你到天堂门口，然后你自己进去怎样？

第三个朋友接到请求，说好哇，你又没有做什么坏事，根本不用害怕，我陪你去见上帝，我完全可以替你作证。

三个朋友身份不同，态度也就不同。

第一个朋友是财产，无论你多爱它，它也不能到死跟随着你。

第二个朋友是亲人，他们可以送你到火葬场，但安葬完毕之后，他们会立即掉头回家。

第三个朋友是善行，平日虽不很显眼，但是死后却永远跟随着你。

至理箴言

优良的品德是内心真正的财富，而衬显这品行的是良好的教养。
——约翰·洛克

信用至上

戴维森成立了一家玩具公司，由于资金周转不灵，他无奈地向一位好友借了五十万美元，并答应两年后还清。

两年的时间一晃就过去了，戴维森的公司因某些原因仍然无法在短时间内还清好友的借款。戴维森想尽所有办法，找到各种途径好不容易筹到了二十万元，可余下的三十万他实在无能为力了。这可如何是好呢？眼见日益接近的还钱日期，戴维森愁得几乎头发都快白了。他的太太看着十分心痛，便提议让他向朋友求求情，宽限几天还钱的日子或是先开张空头支票，等有了钱再赶紧补上。谁知，戴维森非常生气地向太太吼道:"这怎么可能!那我成什么了?!"

经过一夜的反复思考,戴维森决定把自己的别墅抵押给银行,希望银行能给他贷款三十万。可最后银行只同意给他贷二十七万。无奈之下,戴维森忍痛割爱,将别墅以三十万的超低价出售给可以立即付现款的买主,结果他们一家人搬到了一处远郊的小平房里。戴维森终于在限期之内还清了好友的欠款。

不久,好友打电话给戴维森,说是周末想到他家聚聚,可没想到被平时非常好客的戴维森一口回绝了。好友很是不解,于是独自前往他家想看个究竟。当好友经过千辛万苦,终于找到戴维森的"新家"时,立刻被眼前的事物所惊呆了。当他得知戴维森竟是为了按期还自己的借款才变得如此时,感动不已。临走时,好友真诚地说:"你这么讲信用,以后有事尽管找我。"

这件事很快传开了,戴维森也以诚信出了名。又过了几年,因一次意外,戴维森的公司再一次陷入了经济危机时,很多朋友都纷纷向他伸出援助之手,帮他解决重重危机,让他重新迈入了成功企业家的行列,此后他的事业一直一帆风顺。

每当有人问起戴维森的成功经验时,戴维森都会深有感触地说:"是诚信,诚信使我获得了财富,获得了成功。"

至理箴言

信用难得易失。费十年工夫积累的信用往往会由于一时的言行而失掉。
——池田大作

第六辑

> 多数人的失败，都始于怀疑他们自己在想做的事情上的能力。
> ——司各特

人生的美元永不贬值

在一次讨论会上，一位著名的演说家没讲一句开场白，手里却高举着一张二十美元的钞票。面对会议室里的二百个人，他问："谁要这二十美元？"一只只手举了起来。他接着说，"我打算把这二十美元送给你们中间的一位，但在这之前，请允许我做一件事。"他说着将钞票揉成一团，然后问："谁还要？"仍有人举起手来。

他又说："那么，假如我这样做又会怎样呢？"他把钞票扔到地上，又踏上一只脚，并且用脚碾它。而后他拾起钞票，钞票已变得又脏又皱。"现在谁还要？"还是有人举起手来。

"朋友们，你们已经上了一堂很有意义的课。无论我如何对待这张钞票，你们还是想要它，因为它并没有贬值，它依旧值二十美元。人生路上，我们会无数次被自己的决定或碰到的逆境击倒、欺凌甚至碾得粉身碎骨，我们觉得自己似乎一文不值。但无论发生了什么，或将要发生什么，在上帝的眼中，你们永远不会丧失价值。在他看来，无论肮脏或洁净，衣着整齐或不整齐，你们依然是无价之宝。生命的价值不依赖我们的所作所为，也不依仗我们结交的人物，而是取决于我们，本身！你们是独特的——永远不要忘记这点！"演说家说。

■ 至理箴言

最本质的人生价值就是人的独立性。　　　——布迪曼

◆ 做自己擅长的事情

曾经，她遭遇婚变，带着两个年幼的女儿，流落香港，孤苦无靠；而今，她已将两个女儿抚养成人，自己也成为叱咤商界的女强人。开始时，她不过是用一辆木推车，在香港湾仔码头附近游走街头，出售自制水饺；而今，她不单在香港自设生产厂房，还在上海浦东买了地皮建厂。

她就是臧健和，一位地地道道的山东妹子。如今，她的湾仔码头水饺在香港已是家喻户晓，她也因此被喻为"水饺皇后"，并被一家香港媒体评选为香港二十五名杰出女性之一。

"创业时一定要有一个真正属于自己的好产品，一个能够赢得顾客口碑的产品，一个让顾客在你的小店里排队的产品。有了这样的'拳头'产品，你才有可能闯出更大的天空。"臧健和曾经这么说。

这正是臧健和的赚钱智慧之一——做自己擅长的事情。

这也是她自己在创业中的感悟。当房产股市风起云涌，一夜暴富者层出不穷时，臧健和也不是没想过在金融地产的财富之海中打捞一笔，满载而归。

那些年里，她也买过股票，但并没有赚到什么钱。她买进的时

候是八十多港元，后来涨到一百多港元，经纪人建议她抛，可她却坚持再等一下，结果这一等，反而跌得惨不忍睹。

炒房她也尝试过，但似乎比炒股更不在行。臧健和第一次买楼是1983年，住了十一年，三十万港元买进三百万港元卖出，算是赚了一笔。现在她买的这个房子比较豪华，花了一千五百万港元，1994年底的时候买进，到1997年的时候它已经升到二千五百万港元了，但她因为种种原因没卖，因此错过了好时机。

经过无数次尝试，臧健和渐渐地明白了，既然她会包饺子，就要把包饺子当成自己的终身事业，把它做好，并且自己也有信心、有能力把它做好。别的呢，既然不是办不好就是不明白，而且还会因分心而影响到自己的生意，那就干脆不做，专心专意地包饺子。

包饺子的确是臧健和最擅长的事。

第一天卖饺子，臧健和的心情忐忑不安。当时有几个打网球的年轻人，循着四溢的香味走了过来。他们说，从来没有见过"北京水饺"，想尝一尝。

臧健和恭恭敬敬地把水饺端给他们，然后盯着他们的表情。没想到几个年轻人异口同声地说好吃，每个人又都吃了第二碗。臧健和激动得当场流下了热泪。

臧健和最初的水饺是典型的北方包法，皮厚、味浓、馅咸、肥腻，后来她针对香港人的口味，不断地加以改进。

有一次，她在码头卖水饺，发现一位顾客吃完水饺后，把饺子皮留在了碗里，她忍不住上前询问。那个顾客毫不客气地告诉她说："你的饺子皮厚得像棉被一样，让人怎么下得了口！"这一句话，让她难受了几天，也忙碌了几天，终于找到了擀出薄而透亮的饺子皮的窍门。

薄皮大馅、鲜美多汁的水饺终于得到了顾客的认同，有一段时间，每天都会有数十位顾客排队等在湾仔码头她的水摊前吃水饺。

从此，臧健和使足了劲卖水饺，从早晨五六点开始一直干到晚上十二点。当最后一班渡船停下来后,她的生意才停止。接着她就开始收拾卫生、洗刷码头,虽然没有人要求她这样做,但她觉得环境弄脏了会对不起社会和别人。

明白了自己的选择后,臧健和就不再有任何其他的想法,而这也让她在金融风暴时得到了自己意想不到的收获。

因此,后来臧健和在给香港大学生讲课的时候告诉他们:"要做自己擅长的事情,不要做自己不熟悉的东西。要做比较有把握的事情,但要敢担风险,因为这样的风险是你能承担的。"

至理箴言

你要爱惜自己的才能!你的躯体对你来说,并不是重要的东西,而你的才能,却是献给人世间的礼物! ——高尔基

人的潜力是需要激发的

1840年,有一个叫亨利的法国青年爱上了一个中产阶级家庭的姑娘西亚瑞拉,他诚恳地上门请求西亚瑞拉的父亲把女儿嫁给他。但是,西亚瑞拉的父亲不想让自己的女儿嫁给这个穷小子,于是答复他:"如果你十天内能够赚到一千美元,我就同意你们两人的婚事。"

亨利回到家之后立刻陷入了苦闷当中,一千美元对于别人可能不算什么,可是对于他来说简直是一个天文数字。他是一个穷小子,也没有可以借钱的亲戚,亨利觉得自己可能不得不和心爱的女朋友分手了,心里十分痛苦。

但是,亨利不想就这么放弃,为了争取到西亚瑞拉,也为了争一口气,让西亚瑞拉的父亲不再小看自己,他冥思苦想。终于,他

想出了一个办法，那就是做出一个发明创造，这样，就有可能在十天之内赚到一千美元，但是设计什么呢？

亨利废寝忘食地寻找发明目标，并绞尽脑汁地去试验，他很快找到了突破口：他发现人们在欢庆的场合都习惯用大头针在衣服的前襟别上一朵花，可是大头针很不安全，经常会把人扎伤，有时还会自己脱落。于是亨利找到了灵感。他想："如果在这上面多折一道铁丝，再把封口做成封闭的，不就方便安全得多了吗？"他剪下两米左右的铁丝试做，就这样设计出了现代人使用的别针原形。

大功告成之后，亨利飞奔到专利局，申请了专利。制造商问亨利，如果这个发明要转让的话，他想要多少钱，亨利一心只想把西亚瑞拉娶到手，因此就毫不犹豫地回答："一千美元。"制造商当场就和他达成了交易。

亨利拿着一千美元的支票跑到西亚瑞拉家。西亚瑞拉的父亲听完亨利讲述的赚钱过程后，先是笑了一下，随即大骂："你这个笨蛋！"

至理箴言

卓越的才能，如果没有机会就将失去价值。　　——拿破仑

自信的价值

在几年之前，霍普金森·特迪还是一个经营家具的小贩。他过着平凡而又体面的生活，但是并不理想。他们一家人住在一个小房子里面，也没有太多的钱去买他们想要的东西。虽然特迪的妻子对于这样的生活并没有什么抱怨，但是特迪的内心深处却越来越不满。因为他意识到了爱妻和他的两个孩子并没有过上好日子，每当想到

这里的时候，他的心里就感到深深的刺痛。

但是几年后，所有的一切都有了极大的变化。特迪有了一所占地两英亩的漂亮新家。他和妻子再也不用担心能否送他们的孩子上一所好的大学了，他的妻子在花钱买衣服的时候也不再有那种犯罪的感觉了。特迪过上了真正的好生活。

特迪说："这一切的发生，是因为我利用了信念的力量。五年以前，我听说在底特律有一个经营农具的工作。那时，我们还住在克利夫兰。我决定试试，希望能多挣一点钱。我到达底特律的时间是星期天的早晨，但公司与我面谈还得等到星期一。晚饭后，我坐在旅馆里静思默想，突然觉得自己是多么的可憎。'这到底是为什么！'我问自己，'失败为什么总属于我呢？'"

特迪不知道那天是什么促使他做了这样一件事：他取了一张旅馆的信笺，写下几个他非常熟悉的、在近几年内远远超过他的人的名字。其中的两个人原来是邻近的农场主，现已搬到更好的地区去了；特迪曾经为另外的两位工作过；最后一位则是他的妹夫。

特迪问自己：什么是这五位朋友拥有的优势呢？他把自己的智力与他们作了一个比较，特迪觉得他们并不比自己更聪明，而他们所受的教育、他们的品格习性等，也并不拥有任何优势。终于，特迪想到了另一个成功的因素，即主动性。特迪不得不承认，他的朋友们在这点上胜他一筹。

当时已快深夜三点钟了，但特迪的脑子却还十分清醒。他第一次发现了自己的弱点。他深深地挖掘自己，发现缺少主动性是因为在内心深处，他并不看重自己。

特迪坐着度过了残夜，回忆着过去的一切。从他记事起，特迪便缺乏自信心，他发现过去的自己总是在自寻烦恼，自己总对自己说不行，不行，不行！他总在表现自己的短处，几乎他所做的一切都表现出了这种自我贬值。

终于特迪明白了：如果自己都不信任自己的话，那么将没有人信任你!

于是,特迪做出了决定:"我一直都是把自己当成一个二等公民,从今以后,我再也不这样想了。"

第二天上午,特迪仍保持着那种自信心。他暗暗以这次与公司的面谈作为对自己自信心的第一次考验。在这次面谈以前,特迪希望自己有勇气提出比原来工资高七百五十甚至一千美元的要求。但经过这次自我反省后,特迪认识到了他的自我价值,因而把这个目标提到了三千五百美元。

最后特迪成功了,他漂亮地达到了自己的目的。这些都是因为他拥有了自信,如果没有自信,他可能还生活在那所小房子里。

至理箴言

自信是成功的第一秘诀。　　　　　　　　　　——爱默生

◆ 再聪明的人也会做傻事

在一个二月的早晨,一个叫肯·巴塔菲德的小伙子拖着疲惫的脚步走在第二大街上,他意志消沉,神情绝望。

他刚在店里吃了吐司加咖啡的简单早餐,现在口袋只剩下七张脏兮兮的一元钞票。他昨天晚上是在流浪汉的收容所里度过的。

可是有一件事情帮助了他,那是他在经济状况还好的时候买的一套相当不错的西装,穿上它使他看起来还有些精神。

他堕落得非常快。父亲留给了他约四万美元的遗产,他从来没有得到过这样的巨款。开始是去豪华俱乐部,最后是到小酒馆,直至把钱花光。

"我完全绝望了。"他对人说。

"你应该去见诺曼·文森特·皮尔。"有人向他这样建议。

"那是个什么样的人呢？那个人对我有什么帮助？"

"他一定会使你产生和过去不同的想法。总之，你最好去见见他。"

就这样，那个冬天的早晨他出现在诺曼·文森特·皮尔的办公室里。"请你什么也不要隐瞒，把一切都说出来。"诺曼·文森特·皮尔说。

他简单明了地说明了自己的过去，最后说："我真没有用，我是一个彻底的落伍者，完全的失败者。"他是这样彻底看不起自己。

他虽然在说自己完全没有用，但他说话时并不沉闷和重复，能够把握要领，言谈非常简洁。这证明他能有条理地思考并适当地表达出来。

"你很聪明。"诺曼·文森特·皮尔插话。

"你说我聪明是什么意思？"

诺曼·文森特·皮尔向他说明自己很欣赏他那种有条理的说话方式。

"你很聪明，聪明的人如果真想从消极中摆脱出来，又能谦虚接受别人的建议，他就一定能战胜任何困难。"

"没有人说过我聪明。"他说。

"可是现在我不是说了吗？"

他拿出七张脏兮兮的一元钞票，一张一张地摆在桌子上，沉重地说："这就是我的全部财产。"

"你以为我会流泪吗？我毫不觉得惊讶。你拥有比这七美元还要多的东西，例如我们现在谈论的你的头脑就是其中之一，而且你还年轻。你挺身站直的话，是很有风采的。听说你大学毕业的成绩是优等。为什么要说这七美元是你的全部财产呢？"

慢慢地，肯·巴塔菲德似乎对自己逐渐恢复了信心，因为他开始谈起了过去。

他未婚，在酗酒之前原是某家公司的副经理。酗酒使他失去了极有前途的工作，从此他就迅速堕落了。现在他才真正体会到，他已有了设法改变自己的念头。

"我为什么会蠢到把父亲节俭省下来的四万美元浪费掉呢？"他问。

"再聪明的人也会做傻事。你的优点之一，就是能聪明地领悟自己过去的愚蠢。你虽付出了昂贵的学费，但学会了用钱的方法。将来当你获得比失去的遗产还要多的财富时，一定会聪明而谨慎地使用。你要懂得这是一次很好的学习机会。"

"是的，我现在也是这样想的。真的很感谢您，您让我有了完全不同的想法。"他说。

多年后，这个曾经颓废的小伙子拥有了豪华别墅和轿车，还有一笔数目不小的存款。

至理箴言

多数人的失败，都始于怀疑他们自己在想做的事情上的能力。

——司各特

❖ 破产者的鲜花

亨利破产了。当公司的大门被贴上封条时，同时被封住的，还有亨利的心。

一切都和原来不同了。许多原来和亨利有着密切交往的朋友都像躲瘟疫一样躲着亨利，生怕他会向自己借钱。那些原来肯赊账给亨利的酒店也毫不客气地拒绝继续赊账给他。就连过去天天打电话和他缠绵的未婚妻也托人捎来口信，说她要和亨利结束关系。

尽管亨利能预料到这一切的发生，可他还是无法接受。以前从不喝酒的他开始天天借酒消愁，一张原本还算英俊的脸变得枯黄消瘦。亨利穿的衣服也变得脏兮兮的，他甚至和那些流浪汉混在一起。

一天，一位卖花的小女孩向亨利兜售她的鲜花。她请求亨利为自己的女朋友买一枝。亨利眯着眼睛，嘴里吐着酒气问小女孩："嘿，小家伙，你看我这样子像是有女朋友的人吗？"

小女孩没有放弃，她回答道："给自己买一枝也行啊，先生，就当做是对自己的祝福。像您这样的人，如果在胸口上别一枝鲜花，肯定显得更精神、更自信。"

小女孩的话点醒了亨利。他买下了那枝鲜花，并把它别在胸口上。

第二天，人们惊奇地发现，这个整天醉醺醺的亨利好像变了一个人：他穿着虽然稍显破旧却洗得十分干净的西装，胸口上别着一枝鲜艳的花。亨利渐渐找回了原来的状态，他积极地与以前的供货商联系，并在一位朋友的担保下获得了银行的贷款。公司重新运作了。

一年之后，亨利终于还清了所有的欠款。他又回到了原来的位置上。

至理箴言

像那闪烁的微光，希望把我人生的道路照亮；夜色愈浓，它愈放射出耀眼的光芒。

——哥尔斯密

◆ 拿绿卡

林先生四十五岁的时候，去了美国。大凡去美国的人，都想早一点拿到绿卡。林先生到美国后三个月，就去移民局申请绿卡。一位比他早到美国的朋友好心地提醒他："你要有耐心等，我申请都快一年了，还没有批下来。"

林先生笑笑说："不需要那么久，三个月就可以了。"朋友用疑惑的目光看着他，以为他在开玩笑。三个月后，林先生去移民局，果然获得批准。很快，邮差给他送去绿卡。他的朋友知道后，十分不解："你年龄比我大，钱没有我多，申请比我晚，凭什么比我先拿绿卡？"

林先生微微一笑，说："因为钱。"

"你来美国带了多少钱？"

"十万美元。"

"可是我带了一百万美元，为什么不给我批反而给你批呢？"

"我的十万美元，在我到美国的三个月内，一部分用于消费，一部分用于投资，一直在使用和流动。这个，在我交给移民局的税单上已经显示出来了。而你的一百万美元，一直放在银行里，没有消费变化，所以他们不批准你的申请。"原来如此。

美国是一个十分注重效率和功利的国家，你要对美国的社会经济发展有益，美国才能接纳你。只有两种人可以在美国拿到绿卡：一种是来美国投资或消费；还有一种人，就是有技术专长。

虽然林先生申请绿卡的过程异常顺利，但这还不算出奇。他在美国移民局申请绿卡的时候，曾经遇到过一位中年妇女，从她被晒成古铜色的皮肤看，可以断定她是一位户外工作者。出于好奇，林先生上前和她搭话，一问才知道，她来自中国北方农村，因为女儿在美国，才申请来美。她只读完了小学，汉语都表达不好。

可就是这样一位英语只会说"你好"和"再见"的中国农村妇女，也在申请绿卡。她申报的理由是有"技术专长"。移民官看了她的申请表，问她："你会什么？"她回答说："我会剪纸画。"说着，她从包里拿出一把剪刀，轻巧地在一张彩色亮纸上飞舞。不到3分钟，就剪出栩栩如生的各种动物图案。

美国移民官瞪大眼睛，像看变戏法似的看着这些美丽的剪纸画，竖起手指，连声赞叹。这时，她从包里拿出一张报纸，说："这是中国《农民日报》刊登的我的剪纸画。"

美国移民官员一边看，一边连连点头，说："OK。"

她就这么 OK 了。旁边和她一起申请而被拒绝的人又羡慕又嫉妒。

这就是美国。你可以不会管理，你可以不懂金融，你可以不会电脑，甚至，你可以不会英语。但是，你不能什么都不会！你必须得会一样，你要竭尽全力把它做到极致。这样，你就会永远 OK 了！

至理箴言

生命的多少用时间计算，生命的价值用贡献计算。——裴多菲

没钱也能盖大楼

日本冈山市有一栋非常漂亮气派的五层钢筋水泥大楼。这栋大楼就是条井正雄所拥有的冈山大饭店。然而，谁也没想到，条井当年身无分文却盖起了这栋大楼。

条井以前是一个银行的贷款股长，一直负责办理饭店、旅馆贷款方面的工作。十年的工作，使他不知不觉积累了经营旅馆的丰富知识。这时，他心里自然也产生了经营旅馆的欲望。为了求得更完善的方案，他实地做过精密的调查，调查对象是来冈山市的旅客，调查结果是大多数的人是为商务贸易而来的。然后，他又在公路边站了三个月，调查汽车来往情况，他发现每天汽车流动约有九百辆，每辆车约坐二十七人。然而，当时，冈山市的旅馆却没有一家有像样的停车场设施。他想，将来新盖的饭店，必须具有商业风格，而

且附设广阔的停车场，以此来吸引旅客。于是他又花费一年时间，制成几张十分阔气的饭店设计图纸和一份经营计划书。

抱着试试看的心态，他跑到冈山市最大的建筑公司碰运气。一位主管看了他的设计后，问条井："你准备多少资金来盖这栋大楼？"

"我一分钱也没有，我想，先请你们帮我盖这栋大楼，至于建筑费等我开业之后，分期付给你们。"条井泰然自若地回答。

"你简直是在白日做梦，真是太天真啦，请你把这个设计图拿回去吧！"

"这几张图纸和计划书是我花了两年时间完成的，我认为很完整。请你们详细研究，我以后再来讨教！"条井没有说更多的话，把设计图丢在那里，掉头就走。

半个月后，奇迹发生了，这个建筑公司约他去面谈。该公司的董事和经理，从上午八点到下午四点，一个接一个地问他话，各式各样的提问，那种场面真令人心惊肉跳。然而，令人难以相信的事终于发生了：建筑公司决定花两亿日元替这位身无分文的先生盖饭店。

一年后，饭店建成了，条井成了老板。这就是自信所带来的巨大成功。

▎至理箴言

坚强的信心，能使平凡的人做出惊人的事业。　——马尔顿

❖ 七百万美元这样筹集

1968年春，罗伯·舒乐博士立志在加州用玻璃建造一座水晶大教堂，他向著名的设计师菲力普·强生表达了自己的构想：

"我要的不是一座普通的教堂,我要在人间建造一座伊甸园。"

强生问他预算,舒乐博士坚定而坦率地说:"我现在一分钱也没有,所以一百万美元与四百万美元的预算对我来说没有区别,重要的是,这座教堂本身要具有足够的魅力来吸引捐款。"教堂最终的预算为七百万美元。七百万美元对当时的舒乐博士来说是一个不仅超出了能力范围,也超出了理解范围的数字。

当天夜里,舒乐博士拿出一页白纸,在最上面写上"七百万美元",然后又写下了十行字:

一、寻找一笔七百万美元的捐款;

二、寻找七笔一百万美元的捐款;

三、寻找十四笔五十万美元的捐款;

四、寻找二十八笔二十五万美元的捐款;

五、寻找七十笔十万美元的捐款;

六、寻找一百笔七万美元的捐款;

七、寻找一百四十笔五万美元的捐款;

八、寻找二百八十笔两万五千美元的捐款;

九、寻找七百笔一万美元的捐款;

十、卖掉一万扇窗户,每扇七百美元。

六十天后,舒乐博士用水晶大教堂奇特而美妙的模型打动了富商约翰·可林,他捐出了一百万美元。

第六十五天,一位倾听了舒乐博士演讲的农民夫妇捐出一千美元。第九十天时,一位被舒乐博士孜孜以求的精神所感动的陌生人,在自己生日的当天寄给舒乐博士一张一百万美元的银行本票。

八个月后,一名捐款者对舒乐博士说:"如果你的诚意和努力能筹到六百万美元,剩下的一百万美元由我来支付。"

第二年,舒乐博士以每扇五百美元的价格请求美国人认购水晶大教堂的窗户,付款办法为每月五十美元,十个月分期付清。六个月内,一万多扇窗户全部售出。

1980年9月，历时十二年，可容纳一万多人的水晶大教堂竣工，成为世界建筑史上的奇迹和经典，也成为世界各地前往加州的人必去瞻仰的胜景。

水晶大教堂最终造价为二千万美元，全部是舒乐博士一点一滴筹集而来的。

不是每个人都要建一座水晶大教堂，但是每个人都可以设计自己的梦想。每个人都可以摊开一张白纸，敞开心扉，写下十个甚至一百个实现梦想的途径。

至理箴言

梦想一旦被付诸行动，就会变得神圣。——阿·安·普罗克特

勇于创业

美国的玉米大王斯泰雷十六岁的时候，曾经在一家公司当售货员，当时，他的职位和薪资都很低，工作量却非常大。

斯泰雷心中一直有个愿望，那就是要成为一个不平凡的人。

但是，每当他流露出自己内心的想法时，公司的老板便要他少做白日梦，并刻薄地讥笑他不自量力、异想天开。

有一天，他被老板狠狠地训斥了一顿："老实说，像你这种人根本不配做生意，你只是徒有一身蛮力，却没有一点脑筋，我劝你还是干脆到钢铁工厂去当个工人吧！"

这番恶毒的话语严重刺伤了斯泰雷的自尊，因为他自认为做事讲究方法，而且一直都非常小心谨慎，工作态度也相当积极主动，被老板这么一激，不禁出言反击。他对老板反驳说："先生，你当然有权力将我辞退，但是，你不可能毁灭我的意志。你说我没有用，

那是你主观的偏见，这一点也不会减损我的能力。你看着吧，总有一天，我会开一家比你现在的公司大十倍的公司。"

老板听到这个不知天高地厚的年轻人，竟然敢出言顶撞自己，就立即将他开除了。

谁知道，几年之后，斯泰雷果真凭着自己的智慧，创造了惊人的成就，成为享誉全美的玉米大王。

■ 至理箴言

　　春天不播种，夏天就不会生长，秋天就不能收割，冬天就不能品尝。
　　　　　　　　　　　　　　　　　　　　　——海德

◆ 尊重自己的价值

有位富翁十分有钱，但却得不到旁人的尊重，他为此苦恼不已，每日寻思如何才能得到众人的敬仰。

某天在街上散步时，他看到街边一个衣衫褴褛的乞丐，心想机会来了，便在乞丐的破碗中丢下一枚亮晶晶的金币。

谁知乞丐头也不抬地仍是忙着捉虱子，富翁不由生气："你眼睛瞎了？没看到我给你的是金币吗？"

乞丐仍是不看他一眼，答道："给不给是你的事，不高兴可以拿回去。"

富翁大怒，又丢了十个金币在乞丐的碗中，心想他这次一定会趴着向自己道谢。却不料乞丐仍是不理不睬。

富翁几乎要跳了起来："你看清楚，我是有钱人，好歹你也尊重我一下，我给你十个金币，道个谢你都不会。"

乞丐懒洋洋地回答："有钱是你的事，尊不尊重你则是我的事，这是强求不来的。"

富翁急了："那么，我将我的财产的一半送给你，能不能请你尊重我呢？"

乞丐翻着一双白眼看他："给我你财产的一半，那我不是和你一样有钱了吗？为什么要我尊重你？"

富翁更急起来道："好，我将所有的财产都给你，这下你可愿意尊重我了。"

乞丐大笑："你将财产都给了我，那你就成了乞丐，而我成了富翁，我凭什么尊重你？"

■ **至理箴言**

我们对自己抱有的信心，将使别人对我们萌生信心的绿芽。

——拉罗什富科